中国雨养农业旱灾适应性评价与策略研究

王志强　著

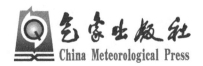

气象出版社

China Meteorological Press

图书在版编目(CIP)数据

中国雨养农业旱灾适应性评价与策略研究/王志强著. —北京:气象出版社,2017.8
ISBN 978-7-5029-6615-7

Ⅰ.①中… Ⅱ.①王… Ⅲ.①旱作农业—研究—中国
Ⅳ.①S343.1

中国版本图书馆 CIP 数据核字(2017)第 185594 号

中国雨养农业旱灾适应性评价与策略研究

王志强 著

出版发行:气象出版社				
地 址:北京市海淀区中关村南大街46号			邮政编码:100081	
电 话:010-68407112(总编室)		010-68408042(发行部)		
网 址:http://www.qxcbs.com			**E-mail**:qxcbs@cma.gov.cn	
责任编辑:张盼娟			终 审:张 斌	
责任校对:王丽梅			责任技编:赵相宁	
封面设计:楠竹文化				
印 刷:北京建宏印刷有限公司				
开 本:787 mm×1092 mm 1/16			印 张:10.125	
字 数:160 千字			彩 插:2	
版 次:2017 年 8 月第 1 版			印 次:2017 年 8 月第 1 次印刷	
定 价:38.00 元				

本书如存在文字不清、漏印以及缺页、倒页、脱页等,请与本社发行部联系调换。

前　言

联合国政府间气候变化专门委员会（IPCC）第五次评估报告指出，在1880—2012 年间全球平均陆地和海洋表面温度升高了 0.85 ℃。全球气候变暖的背景下，极端天气气候事件的特征可能更为复杂，气象灾害可能增多、增强，粮食安全将受到严重挑战。2015 年，第 21 届联合国气候变化大会上一份名为《气候变化、全球粮食安全及美国粮食系统》的报告指出，全球变暖可能会对世界，尤其是对贫困地区和热带地区的粮食安全产生深远影响。气候变暖可能导致的粮食减产，极端天气引起的运输成本升高，高温带来的储存成本升高，都会大大降低粮食的可获得性并造成粮食价格波动。这将对粮食消费占比很大的低收入群体的生存构成严重威胁。同时，人口的快速增长使得农业用地承载压力增强，人地矛盾更加突出；社会经济的发展，对农业生产和粮食质量提出了更高的要求。2009 年 6 月 17 日，国际环保组织"绿色和平"与国际扶贫组织"乐施会"共同发布的《气候变化与贫困——中国案例研究》报告指出，气候变化已成为中国贫困地区致贫甚至返贫的重要原因之一，95%的中国绝对贫困人口生活在生态环境极度脆弱的地区。

雨养农业又称旱作农业，是指在降水稀少又无灌溉条件的干旱、半干旱和半湿润易旱地区，主要依靠天然降水和采取一系列旱作农业技术措施，以发展旱生或抗旱、耐旱的农作物为主的农业，是一种较为传统的农业生产模式。雨养农业地区往往由于相对匮乏的自然资源和恶劣的地理环境，使灌溉农业难以发展，社会经济发展相对落后，农户仍继续维持着"靠天吃饭"的生活状态。这一区域又处于气候变化和农业生产方式变化的过渡区域，气候变化影响明显，生态环境较为脆弱。在这样的背景下，针对气候波动敏感和贫困问题较重的雨养农业地区，适应气候变化和降低农业旱灾风险已成为其能否可持续发展的重要现实问题。

本书系统阐述了农业旱灾的形成过程以及适应性的内涵，构建了环境变化—发展需求—适应措施三者相互驱动影响的农业旱灾适应机制，提出了适应评价、对策分析和实证研究为一体的适应性研究方法，并以中国的两个典型雨养农业区为例进行了适应性研究；同时，结合我国农业旱灾保险和国外农业旱灾保险的现状，提出了我国构建雨养农业区旱灾保险制度体系的相关建议。本书对我国雨养农业区适应性研究进行的探索，可为国家制定雨养农业地区旱灾适应和降低风险方面的政策提供重要参考，也为雨养农业地区脱贫工作提供一定的帮助。

本书是在作者主持的国家自然科学基金项目"中国雨养农业旱灾适应性评价与策略研究"（项目号：41001059）的资助下，总结了自研究生阶段开始的多年研究雨养农业旱灾脆弱性、风险、适应性、旱灾救助等相关问题的理论与实践，在整合近5年来发表的农业旱灾适应性相关研究成果的基础上，对农业旱灾适应性研究理论进一步提升后完成的，希望能对从事旱灾研究的科研人员有所帮助和启发。在作者从事中国雨养农业旱灾适应性相关研究的近5年中，民政部国家减灾中心邓岚参与了云南农业旱灾适应性研究的工作，北京师范大学硕士研究生马箐、陈思宇、岳天雨等先后参与了旱灾适应性评价、农业旱灾保险制度等方面的研究工作，他们都对本研究的不同阶段做出了贡献。另外，北京师范大学硕士研究生陈思宇、民政部国家减灾中心麻楠楠先后负责了全书的编排和校对工作，在此一并致谢。

雨养农业旱灾适应性研究是一个处于不断完善和发展中的课题，限于作者的时间和水平，书中难免存在差错和不足，恳请读者批评斧正。

王志强

2017 年 3 月于北京

目　录

第1章 绪 论

1.1 研究背景

1.1.1 全球变暖与干旱事件

2014 年 11 月，联合国政府间气候变化专门委员会（IPCC）发布了 IPCC 第五次评估报告。报告显示：过去 50 年极端天气事件呈现增多、增强趋势，预计未来极端事件将更趋频繁。1880 至 2012 年间，全球地表温度升高了 0.85 ℃，其中北半球升温高于南半球，冬半年升温高于夏半年。在北半球，1983—2012 年可能是过去 1400 年中最暖的 30 年。而过去 30 年，每 10 年地表温度的增暖幅度高于 1850 年以来的任何时期。此外，IPCC 第五次评估报告指出，人类对气候系统的影响是明确的，而且这种影响在不断增强，世界各个大洲都已观测到这种影响（IPCC，2014）。研究表明，21 世纪末期及之后一段时间的全球地表变暖主要取决于 CO_2 的累积排放，即使目前停止 CO_2 的排放，其引起的气候变化仍将对多个方面产生持续数世纪的影响（Hertel et al.，2014）。当前，大气中温室气体的浓度持续显著上升，CO_2、CH_4 和 N_2O 等温室气体的浓度已上升到过去 800 ka 来的最高水平。尽管各国政府采取了多项措施以减缓这种增长，但现今的气候系统状态和社会发展需求使得未来 20 ~ 30 年全球的气温将继续升高（IPCC，2013）。气候变化给世界各地已经带来了实质性的经济损失，一个跨部门联合工作组曾利用 3 种经济模型估算出，现在每排放 1 t 二氧化碳将给未来造成 37 美元的损失（Richard et al.，2014）。而更严重的是，全球气候变暖导致海水受热膨胀、冰川融化、冰盖解体，从而使得海平面上升，马尔代夫、塞舌尔等低洼岛国将从地面上消失，上海、威尼斯、东京、纽约等滨海城市都有被海水吞没的可能。

在全球变暖的背景下，全球陆地大部分地区存在着干旱化趋势的可能。除北美洲外，其他地区在增暖的作用下干旱化强度都有大约 1~5 个百分点的加强，尤其是非洲大陆，从 1951—2002 年非洲大陆的干旱化强度增加了 16%（秦大河，2008）。受气候变暖的影响，20 世纪 70 年代以来，全球陆地干旱区域（帕尔默旱度指数 < -3）的面积增加了一倍多，而引起这个现象的原因很可能是 20 世纪 80 年代中期以后的气候变暖（Dai et al.，2004）。1968 至 1973 年间，在西非的萨赫勒地区发生严重旱灾，有约 20 万人死于这次旱灾。1983 至 1985 年间，非洲的西非、非洲之角及南非地区均发生了不同程度的旱灾和饥荒，至少有 20 个国家的 3000 万人受灾，1000 万人离家寻找水源和食物。2000 年，中国出现大范围干旱，全国累计受旱面积 4054 万 hm²，成灾面积 2678 万 hm²。2000—2004 年，长期干旱袭击北美洲西北部，导致森林干枯、河流干涸，成为 800 年来最严重的干旱。2011 年，非洲东部多国面临 60 年来最严重的旱灾，出现粮食危机，约有 1200 万人饱受饥荒之苦[①]。2012 年夏季，美国经受近半个世纪以来最严重的干旱，美国本土 48 个州三分之二的区域遭遇了中度以上干旱灾害，给农业生产和经济增速带来不利影响[②]。2015 年，欧洲大陆绝大部分地区遭受了自 2003 年以来最严重的干旱，法国、比利时、荷兰、卢森堡、德国、匈牙利、捷克、意大利北部以及西班牙北部等地区遭受干旱影响[③]。目前在全球气候变暖的背景下，干旱事件发生的频率和范围呈增加趋势，将对世界各国社会经济发展造成深远影响。

农业是受旱灾影响最严重的产业之一，联合国政府间气候变化专门委员会（IPCC）和联合国粮食及农业组织（FAO）都将农业列为最易受气候变化

---

① 来源：新华网 http：//news. xinhuanet. com/world/2011 - 07/08/c_ 121640979. htm。
② 来源：中新网 http：//www. chinanews. com/gj/2012/08 - 10/4097674. shtml。
③ 来源：人民网 http：//world. people. com. cn/n/2015/0821/c157278 - 27499307. html。

影响、最脆弱的产业之一（Bruinsma，2003）。气候变化通过改变温度、降水、二氧化碳、地表径流和极端天气事件等因素影响农业生产（World Bank，2007），其中温度和降水的影响最为直接（Calzadilla et al.，2014）。气温变化会改变农业生产环境条件，使农作物种植结构和布局发生变化。同时，气候变化改变区域降水模式，影响降水的分配和强度。研究表明由于全球水循环响应气候变暖的变化不是均匀的，潮湿和干旱地区之间、雨季与旱季之间的降水对比度会更加强烈（Willem，2007）。目前，全球范围内逐渐改变的气候环境已经成为威胁农业生产和粮食安全的主要因素（Coumou et al.，2012）。

1.1.2 农业旱灾与粮食安全

1.1.2.1 农业旱灾释义

干旱通常指淡水总量少，不足以满足人的生存和经济发展的气候现象。根据不同学科对干旱的理解，干旱可分为四类：气象干旱、农业干旱、水文干旱和社会经济干旱（Wilhite，2000）。气象干旱是指持续的不正常干燥天气导致缺水，从而引起严重的水文不平衡。最明显的表现是区域的降水量持续低于某一正常值，以特定历时降水的绝对值表示干旱程度。农业干旱是指在农作物生长发育过程中，因降水不足，土壤含水量过低致使供水不能满足作物正常需水，从而造成作物减产，甚至绝收的一种农业气象现象。农业干旱不仅受到降水、气温、地形等自然因素的影响，也受到农作物布局、土地利用、作物种类等人为因素的影响。水文干旱是指河川径流低于其正常值使含水层水位降低的现象，其主要特征是特定时段内可利用水量的短缺。社会经济干旱是各种用水需求的相互竞争带来的相对缺水现象，具体是指由自然降水系统、地表和地下水量分配系统及人类社会需水排水系统这三大系统的不平衡造成的异常水分短缺现象。由于农业干旱、水文干旱和社会经济干旱受到地表水和地下水供应的影响，其出现频率小于气象干旱，并滞后于气象干旱发生。

当一个地区一段时间内的湿度状况低于该地区作物生长的适宜湿度水

平，造成作物减产或绝收，给农业生产和人类经济活动带来负面影响时，即为发生旱灾（Wilhite，2000）。具体而言，农业旱灾是指农作物在生长过程中，由于降水量不足的气候变化，使得土壤水分不断消耗、又得不到应有的补给，产生农作物生长受到抑制而减产或绝收的现象。农业旱灾具有季节性、区域性、时间与空间连续性等特征。农业旱灾的严重程度与气温、降水、土壤、作物和水资源利用等多种因素有关。不同地区的气候条件和土壤类型、作物生长季与品种特性、水资源管理与利用方式存在较大的差异，因此不同地区农业旱灾发生的具体条件和程度不尽相同。对农业干旱进行监测、对农业旱灾进行预报和评估需要考虑地区差异，根据具体的农业气候条件进行具体分析。

1.1.2.2　农业旱灾灾情

旱灾的形成主要取决于气候。通常将年降水量少于 250 mm 的地区称为干旱地区，年降水量为 250 ~ 500 mm 的地区称为半干旱地区（徐淑英，1991）。世界上的干旱地区大部分集中在非洲、撒哈拉沙漠边缘，中东和西亚，北美西部，澳洲的大部和中国的西北部。这些地区对气候变化十分敏感，是受干旱灾害影响的重灾区。

图 1.1 是 2000—2015 年全球旱灾发生次数与受灾人口情况。2000—2015 年期间，全球旱灾的发生次数呈波动变化，总体上呈先下降后上升的趋势，旱灾受灾人口的年际波动也呈现相同特征。2004、2006 和 2013 年旱灾发生次数较少；2000 和 2015 年旱灾发生次数较多，均达 25 次之多。2010 年，俄罗斯遭遇了罕见干旱，粮食产量减少约三分之一。2011 年，全球发生大范围的旱灾。美国遭遇了过去 50 年间最为严重的旱情，得克萨斯州灾情尤其严重，几乎全州受灾，预计经济损失超过 30 亿美元。法国、德国等欧洲国家遭遇连续干旱，小麦产量下降。墨西哥也出现 70 年来最严重旱灾，使 99 万 hm² 作物减产。2012 年，全球 100 多个国家遭遇的不同程度的旱灾，再次造成粮食减产、价格上涨并引发全球粮食安全隐忧。2015 年全球约有 5000 万人深受旱灾之苦，受气候变化和厄尔尼诺现象的影响，该年是联合国有记载中的最热年份。

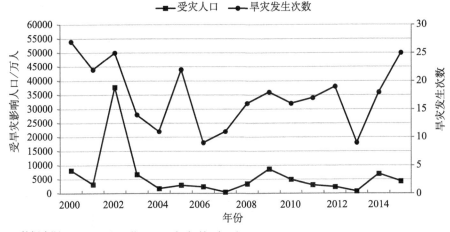

数据来源：EMDAT(http://www.emdat.be/database)

图 1.1　全球旱灾发生次数与受灾人口情况（2000—2015 年）

中国位于世界上最大的陆地（欧亚大陆）与最大的海洋（太平洋）之间，因此形成了典型的东亚季风气候。冬季受极地大陆气团影响，气温偏低，降水少，夏季受热带海洋气团影响，高温多雨，水分季节分配不均。雨季开始南方早、北方迟，东部早、西部迟；雨季结束北方早、南方迟，西部早、东部迟。中国东南部广大地区由于受季风影响，降水以季风雨为主，降水的地区分布也不均匀，东部近海多雨，西部干旱少雨；南方比北方多雨。总体而言，北方干旱主要发生在春季，南方虽然受夏季风控制时间长，干旱时间较短，但盛夏也易发生伏旱。

图 1.2 是 1950—2015 年我国旱灾受灾及成灾面积变化情况。新中国成立以来，我国干旱受灾面积和成灾面积不断增加，发生过两次规模较大的旱灾。第一次是 1959—1961 年，历史上称为"三年自然灾害时期"，全国连续 3 年的大范围旱情，使农业生产大幅度下降，市场供应十分紧张，人民生活相当困难。第二次是 1978—1983 年，全国连续 6 年大旱，累计受旱面积近 20 亿亩[①]，成灾面积 9.32 亿亩。近年来我国也发生了多次重大旱灾，2009 北方地区夏秋连旱，2009 年底到 2010 年西南五省（市）秋冬春三季连旱，特

---

① 　1 亩≈666.67 m²。

别是云南省连续遭遇的 2011 年雨季干旱、2012 年季节性干旱和 2013 年冬春连旱，旱灾造成的经济损失和粮食减产已经严重影响了当地社会经济的发展。

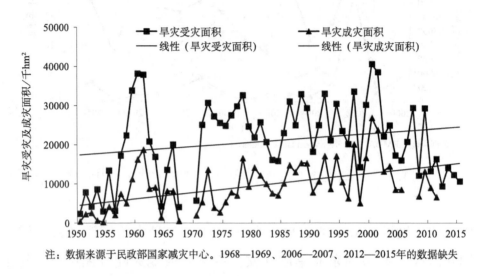

注：数据来源于民政部国家减灾中心。1968—1969、2006—2007、2012—2015年的数据缺失

图 1.2 我国旱灾受灾及成灾面积变化情况（1950—2015 年）

由于气候环境等旱灾孕灾环境的差异，我国不同区域受旱灾影响的程度差异较大。图 1.3 是 2015 年我国各省份旱灾农作物受灾面积和农作物绝收面积分布图。其中，内蒙古自治区农作物受灾面积最广，2.1717×10^6 hm^2 耕地受旱灾影响，其中有 2.54×10^5 hm^2 耕地绝收。辽宁省、河北省和山西省也受到较严重的旱灾影响，农作物受灾面积在 10^6 hm^2 以上，农作物绝收面积在 5×10^4 hm^2 以上。2015 年，我国总的农作物受灾面积达 1.05146×10^7 hm^2，绝收面积 1.0411×10^6 hm^2。总体而言，相对于南方地区北方地区受旱灾影响更为严重，位于农牧交错带上的省份更易遭受旱灾影响。

图 1.4 是 2015 年我国旱灾受灾人口分布图。从全国各省（区、市）受旱灾影响的人口统计指标看，山西、河北、山东、辽宁等省的旱灾受灾人口最多，其中河北省受灾人口多达 894.8 万人。青海省、宁夏回族自治区受灾人口占本省总人口的比例多达 15%。总体上，南方地区受旱灾影响的人口相对较少，其受旱灾影响较重的是云南省。

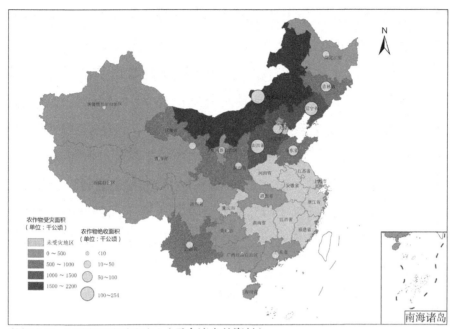

数据来源：民政部国家减灾中心（无台湾省的资料）

图 1.3 2015 年全国旱灾农作物受灾面积和农作物绝收面积分布图

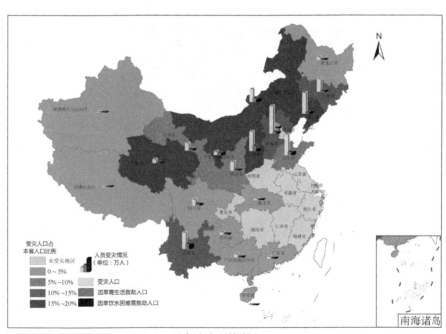

数据来源：民政部国家减灾中心（无台湾省的资料）

图 1.4 2015 年全国旱灾受灾人口分布图

图 1.5 是 2015 年全国旱灾造成的直接经济损失分布图。因旱直接经济损失是衡量灾情的一项重要指标，反映了旱灾对农户生活和生产各方面造成的经济损失。2015 年，受旱灾影响经济损失最严重的省份是内蒙古自治区、吉林省、山西省和辽宁省，直接经济损失分别高达 81.5 亿元、73.6 亿元、71 亿元和 60 亿元。此外受灾较重的省份还有山东省、云南省、陕西省和甘肃省，直接经济损失在 20 亿元以上。2015 年，内蒙古自治区旱灾造成当地共252.4 万头大牲畜饮水困难，对农牧业的发展构成巨大威胁。云南省、宁夏回族自治区也分别有 100 万头和 75.3 万头牲畜出现不同程度的饮水困难。干旱灾害造成农作物减产、农民减收，直接影响着农村经济的发展，对生态环境带来重大影响。

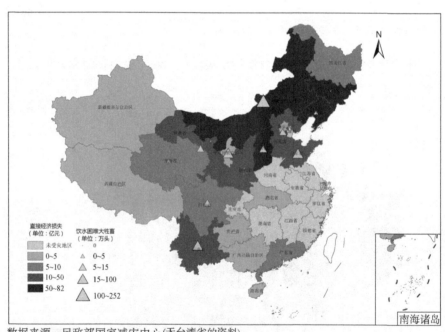

数据来源：民政部国家减灾中心(无台湾省的资料)

图 1.5　2015 年全国旱灾直接经济损失分布图

1.1.2.3　旱灾与粮食安全

每年，全球约有 100 多个国家遭遇不同程度的旱灾影响，造成粮食产量和价格波动，并引发全球粮食安全隐忧。图 1.6 是全球部分国家农业用地占土地利用面积比例变化图，可以看出，除了泰国在这个阶段有较为明显的增长外，大多数国家总体上都呈现出下降趋势。农业用地的减少与近年来世界人口的持续增加，使得对单位面积的粮食产出要求更高，而相应的，相同程度的干旱孕灾环境下造成的农作物损失也更为严重，农业旱灾风险增加。对各国的农业用地所占比例进行横向对比，可以看到，近年来在所选取受旱灾影响较严重的 10 个代表国家中，印度、中国和澳大利亚三个国家的农业用地面积占比较高，其中印度最高，占到了国土面积的 60%，其次是中国和澳大利亚，分别为 54% 和 51%。德国、美国、埃塞俄比亚和泰国的农业用地占国土面积比例为 30% ~ 50% 之间，而韩国、日本和加拿大三国的农业用地所占国家土地利用面积的比例不足 30%，其中加拿大最低，仅为 7%。

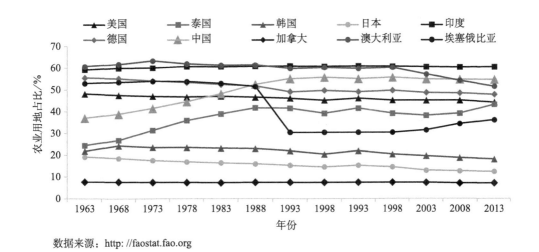

数据来源：http://faostat.fao.org

图 1.6　全球部分国家农业用地占土地利用面积比例变化图

由于世界各地区农业用地面积和农业生产水平差异较大，世界粮食产量发展的空间分布并不平衡。图 1.7 是根据联合国粮农组织（FAO）提供的数据绘制的全球五大洲粮食产量分布比例图，反映出 2015 年全球约 91% 的粮食产量来自亚洲，而美洲占 5%，非洲占 3%，欧洲占 1% 左右，大洋洲则最少。不同地区粮食产量和人口数量的差异使得粮食成为世界大交易市场最普遍的商品，美国、欧盟、俄罗斯、巴西、加拿大等是粮食主要出口国家和地区，而印度、中国、欧盟、美国等则是当前粮食主要进口国和地区。

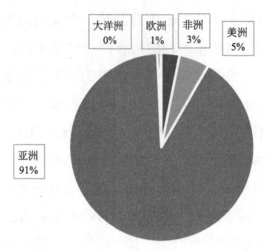

数据来源：http://faostat.fao.org

图 1.7   全球五大洲粮食产量分布比例图

世界粮食主产区和主要出口地区也是遭受严重旱灾影响的地区之一。这些国家粮食的减产对世界粮食安全产生了重要影响。全球粮食供应的不足引发粮价上涨，阻碍粮食国际贸易，加重粮食进口国的负担。粮食安全问题关系到人类的生存和国家的稳定，一直是各国政府工作的重中之重。联合国粮农组织和中国统计局提供的数据表明，2000 年以来全球粮食产量一直在温和增长，中国粮食产量在经历了 1998—2003 年的连续下降后，2004—2007 年产量也在稳步回升。但是随着人口数量的增加、全球气候变暖等因素的影响，粮食安全问题仍然长期存在。

尽管全球粮食产量在稳步上升，但随着人类对石油等能源的大规模使用，已经有些国家或组织将一部分粮食作为生产替代能源的原材料，全球粮食价格在经历了 2000 年以来的温和上涨后，到 2007 年价格上涨趋势猛增（Joachim，2008），同时 2007 年中国农产品生产价格比上年也上涨了 18.5%。新华网报道，2008 年 4 月 17 日，国际米价首次突破了 1000 美元/t，而一两年前的很长一段时间里，这个价格基本维持在 300 美元/t。2007—2008 年，世界粮食价格一直在大幅度上涨，因此在非洲、美洲、亚洲等很多地方引发了骚乱、暴动，甚至政府的更替。这些现象又再次引起了包括中国在内的全世界各个国家对粮食安全和农业生产的广泛关注和重视。2012 年夏季，美国遭遇 56 年来最严重的高温干旱，玉米、大豆种植受到重创，俄罗斯、乌克兰等主要小麦产区也受到干旱气候影响而减产，导致小麦价格上涨了 40%，受此推动，全球粮食价格在 2012 年 7 月猛涨了 10%。

1.1.3 雨养农业旱灾及其影响

1.1.3.1 雨养农业及其分布

雨养农业是仅依靠自然降水作为农作物生长需水来源的农业类型，是一种较为传统的农业生产模式。雨养农业的具体概念与非灌溉农业的概念基本一致，是指在生长期间，作物仅靠自然降水作为水分来源，而不通过灌溉来补充水分的农业生产（黄伟等，2014）。在我国，雨养农业又被称作"旱地农业"或"旱作农业"。在现代，雨养农业的概念有所发展，不仅特指无人工灌溉的农业生产，也包括人工汇集雨水、实行补偿灌溉的农业生产类型。

全球土地利用分布图（图 1.8）展示了全球雨养农业的分布，遍及全球五大洲。雨养农业区主要分布在干旱、半干旱和半湿润易旱地区，主要分布于非洲北部和南部、欧亚大陆中部、中近东和印度德干高原以及大洋洲等地。热带、亚热带干旱、半干旱地区主要分布于稀疏草原带，如非洲撒哈拉沙漠、赞比西河流域、西南非洲、印度半岛、澳大利亚北部，年降雨量 300~600 mm，农业盛行原始的撂荒制与旱农，作物以高粱、玉米、花生、木薯、龙爪稷等耐旱作物为主。温带干旱、半干旱地区主要分布于北美大平原、俄罗斯的中亚细亚和顿河流域、阿根廷中南部、西班牙等地，年降雨量约 300~600 mm，除永久性草地外，主产小麦。中国的半干旱地区主要分布于农牧交错带及其周边地区。

图 1.9 是全球部分地区非灌溉用地占农用地比例。埃塞俄比亚、澳大利亚和加拿大的非灌溉农业用地比例很高，接近 100%。美国非灌溉用地比例也高达 95%，东起大西洋岸，西至大平原南部的广大地区，气候暖湿，无霜期长，是历史上有名的非灌溉棉区。其境内的哥伦比亚高原上也有大面积非灌溉农业区，是小麦带以外最重要的小麦产地，也种植豆类、甜菜等作物。

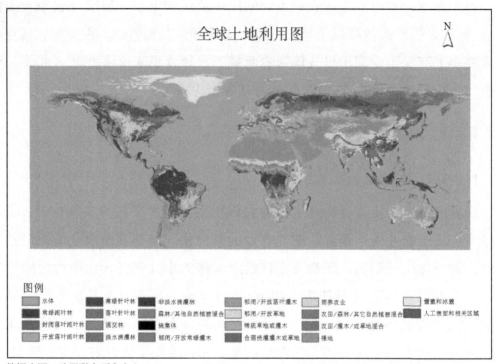

数据来源：欧盟联合研究中心

图1.8　全球土地利用分布图（见彩图）

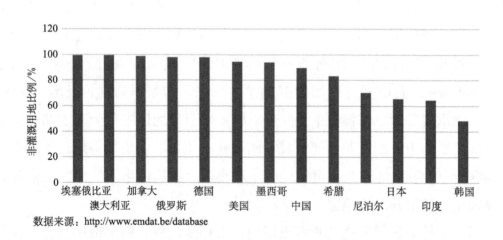

数据来源：http://www.emdat.be/database

图1.9　全球部分地区非灌溉用地占农用地比例

中国的非灌溉用地比例在90%左右，全国大部分地区的农业生活生产依然是依靠自然降水。而非灌溉用地比例较低的国家有韩国、印度、日本和尼泊尔, 非灌溉用地的比例在 50% ~ 70% 之间。

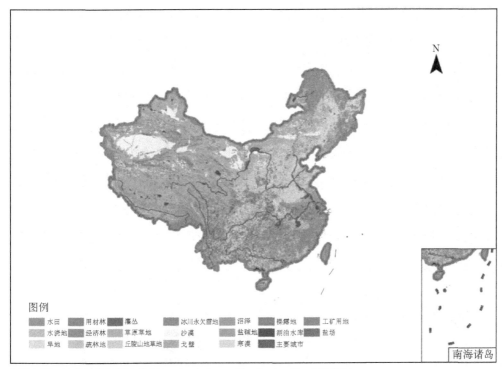

数据来源: 地理国情监测云平台 http://www.dsac.cn/DataProduct/Detail/200804

图 1.10　中国土地利用类型分布图 (见彩图)

雨养农业是我国延续几千年的传统农业发展形式之一。图 1.10 中以旱地为主的耕地分布即为我国雨养农业的主要分布区。现有的 0.67 亿 hm^2 旱作耕地, 主要集中在西北、华北、东北和西南地区。西北、华北、东北地区属于干旱、半干旱或半湿润偏旱地区; 西南旱作区属于季节性干旱地区。由于降水、热量、水利、劳动力资源及历史传统等条件的差异, 各地区旱地的分布差异较大。据此, 大体上将秦岭—淮河一线以北集中全国 85% 的旱地区域划归为北方雨养农业区, 其余为南方雨养农业区 (李生秀, 2004)。北方雨养农业区土地资源丰富, 农业增产潜力大, 然而地处大陆性季风气候区, 干旱少雨、水资源缺乏、植被稀疏, 生态环境十分脆弱。水土流失、土地沙漠化和土地盐碱化三大问题直接危害着北方旱地农业系统的生产能力和稳定性。

南方雨养农业区地形复杂、土地贫瘠，自然环境的劣势严重地阻碍了当地农业和其他产业的发展，经济十分落后，长期以来农业的发展都较为艰难。

图 1.11 是我国南北方农牧交错带的分布图，是典型雨养农业区分布的主要区域。北方农牧交错带区域主要包括北起大兴安岭西麓的内蒙古呼伦贝尔市，向南至内蒙古通辽市和赤峰市，再沿长城经河北北部、山西北部和内蒙古中南部向西南延展，直至陕西北部、甘肃东北部和宁夏南部的交接地带。南方农牧交错带地区是指川西、滇西北区域（图 1.11）。受亚热带季风气候的影响，我国农牧交错带地区干湿波动明显，降水量少而不稳，干旱频率高，风沙大。农牧交错带位于东亚季风气候区与内陆干旱气候区的过渡地带，当季风气候系统势力强劲时，降水量多，植被覆盖度较好；当西北内陆干旱气候系统占优势时，干旱少雨，多大风沙尘天气。干湿条件成为本区农牧业生产的限制因子。雨养地区农业受产量和效率的影响，发展比较缓慢。

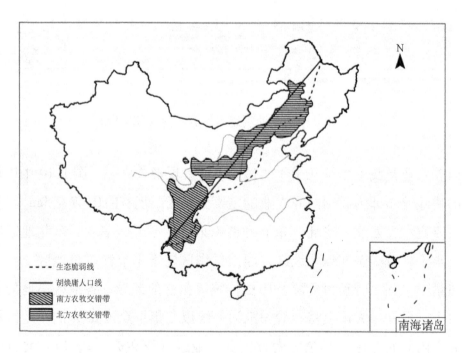

图 1.11　我国南北方农牧交错带分布图（吴贵蜀，2003）

1.1.3.2　干旱对雨养农业的影响

雨养农业区是气候过渡带、生态过渡地带，具有重要的环境、经济、政治意义。雨养农业区由于其过渡地带的特性，易受气候变化、人类活动的影响，环境脆弱，常遭受多种自然灾害，造成区域的贫困现象。我国大部分国土为大陆性季风气候，季节与年际变化都很大，干旱气象灾害频繁，但不同地区干旱导致的农业生产减产和对农民生活的影响，其程度大小由于孕灾环境和致灾因子的强度不同而存在区域差异，同时又受到当地人文环境包括人口、土地和农业管理等社会经济特征的深刻影响。尽管各地存在农业旱灾的差异，但由于我国土地、农业生产和生活用水等农业自然资源的人均占有量不足，对气候资源的变化和波动就会变得十分敏感，加上社会发展处于工业化和快速城镇化时期，增强了农业旱灾承灾体脆弱性，同时气候变暖趋势和人地关系紧张造成孕灾环境危险性增加，重特大旱灾风险加剧且频发趋势明显，防灾减灾工作形势更加严峻。

梁书民对我国雨养农业区旱灾风险进行区划分析，研究发现，中国各地的旱灾风险是由自然、经济和人文多种因素综合作用的结果，各大区均具有鲜明的特点（梁书民，2011）。中北区（包括内蒙古、甘肃、宁夏3省区）毗邻人口稠密的华北区，经历史的长期开荒，旱地面积较大，旱灾风险最大；华北区（包括京、津、冀、鲁、豫、晋、陕7省市）人口稠密，对土地资源压力大，垦殖率高，旱地面积较大，旱灾风险也大；东北区地势平缓，降水较丰富，旱地面积大，旱灾风险较小；西南区多山地丘陵，降水丰富，旱地和梯田面积大，总体上旱灾风险小，但区内差异大。

雨养农业地区面临着土地退化、自然灾害频繁，以及气候干旱和水资源短缺的问题，自然资源条件的劣势阻碍着这些地区的发展，也使得它们成为社会经济相对落后的地区。此外，雨养农业地区基础设施落后，地形复杂且脆弱，道路的修建和维护的成本很高，加上本地经济不发达，交通条件往往大大滞后于其他地区。由于公路不畅通，农产品很难进入市场，市场化水平低限制了农民的增收。雨养农业区生态脆弱，发生自然灾害的概率较高而抗灾能力较弱，自然灾害使当地的家庭和社会都遭受重大损失，多年的积蓄荡然无存，农民重新陷入贫困。20 世纪 80 年代以来，全球气候不断变暖，地表温度持续上升，处在气候敏感地带的雨养农业区受旱灾的影响日益严重，农业干旱不断威胁着该地区的粮食安全和社会发展，如何应对旱灾的影响，适应旱灾的风险，促进雨养农业地区各方面的稳定和发展，已成为政府、学术界和农户最为关心的问题。2013 年，习近平总书记提出"实事求是、因地制宜、分类指导、精准扶贫"的政策，针对不同贫困区域环境、不同贫困农户状况，运用科学有效的程序对扶贫对象实施精确识别、精确帮扶、精确管理的治贫方式。通过精准扶贫，雨养农业区的具体生态环境、经济发展，社会建设等多方面的问题有望逐步得到解决。

1.2 农业旱灾风险研究进展

1.2.1 自然灾害风险的相关概念

1.2.1.1 灾害风险

从灾害风险概念的提出至今，不同机构学者针对其理解的内涵给出了不同的具体定义。灾害风险可被定义为对于人口、社会、建筑环境、自然环境、经济活动和服务等在灾害威胁下的承受体，一种由给定的致灾因子水平导致的特定损失水平的可能性（Alexander，2000）。灾害风险是暴露于一个能够随着变化的严重性在不同地理范围内突然或可预测发生事件的可能性和暴露程度的可能性（UNEP，2002）。Turner 着重考虑灾害风险中的承灾体脆弱性因素，从脆弱性的三个角度（地区、区域和全球）对系统脆弱性的形成过程和反馈机制进行探讨研究，认为在地区尺度上脆弱性是暴露性、敏感性和恢复性三部分相互作用关系的体现；而在区域和全球尺度上，地区尺度上的脆弱性响应和调整对较大尺度上的社会和自然系统的作用，将反馈到致灾因子特征的变化上（Turner et al.，2003）。灾害风险是由特定自然事件导致的人员伤亡、财产损失和经济活动波动的期望值（Cardona，2005）。灾害风险是由自然或人为导致的致灾因子和脆弱性情况之间的关系，所导致的损害结果的可能性或人口伤亡、财产损失和经济活动波动的期望损失，可以用致灾因子与脆弱性的乘积来表示（UNISDR，2005）。灾害自然灾害风险指未来若干年内可能达到的灾害程度及其发生的可能性，风险＝危险性×暴露性×脆弱性×防灾减灾能力（张继权等，2004）。灾害风险是由致灾因子引起损失的期望价值，风险是致灾因子、暴露性、脆弱性的函数（ADRC，2005）。关于灾害风险的认识定义虽不统一，但学者们普遍认为风险是不利事件导致损失的可能性。

对灾害风险理论模型研究的主要有 RH 模型（Buckle et al.，2001）、PAR 模型（Blaikie et al.，1994）、Turner 脆弱性分析框架（Turner et al.，2003）、BBC 模型（Birkmann，2005）、区域灾害系统（史培军，2002）等，从不同角度、不同层面对灾害发生过程的关键机制进行分析，基本上都肯定灾害风险是致灾因子、承灾体脆弱性、暴露性等因子共同作用的结果。近年来灾害理论的研究越来越系统和综合，灾害风险的研究是认识灾害形成机制、有效应对灾害影响的核心内容。

1.2.1.2　旱灾风险与脆弱性

联合国定义的风险是由自然或人为因素导致的致灾因子和脆弱性之间的关系，表现为所导致损害结果的可能性或人口伤亡、财产损失和经济活动波动的期望损失，可以用"风险（R）＝致灾因子（H）×脆弱性（V）"来表示（UN/ISDR，2004）。

脆弱性的概念最早起源于自然灾害研究，在地学领域，Timmerman 首先提出了脆弱性的概念（1981）。在灾害学领域，脆弱性的概念经过了一个长期的发展过程。20 世纪 80 年代，学者普遍将脆弱性看成是承灾体遭受外部打击和损伤时的一种应对能力，一种损失的可能性。脆弱性有两个方面的内容：以一个个体或家庭为主体的对风险、冲击和应力的外部性；不设防，即缺乏不造成任何损失的应对手段的内部性（Chambers，1989）。

进入 20 世纪 90 年代，防灾、减灾实践向综合化方向转移，脆弱性研究逐渐涉及社会系统，承灾体恢复力和敏感性逐渐被看作是灾害脆弱性的一部分。Watts 和 Bohlet 提出降低脆弱性就是要减少暴露性，提高应对能力和从灾害中的恢复能力，以及通过个人或社会增强对灾害损失的控制（1993）。Downing 总结了 1985—1992 年间对脆弱性的相关研究结果，指出脆弱性是易脆弱化的环境所具有的敏感性（1992）。脆弱性是个体或群体在灾害下的暴露性和被影响的程度，是受灾地区（风险和影响）和社区的社会状况的相互作用（Cutter，1993）。脆弱性是在暴露于不同社会危害产生的风险中的程度和类型。脆弱性是个体或群体在一个给定的自然、社会和经济的空间里，根据他们社会地位不同而形成的弱势个人和分化群体的特征（Wisner et al.，2004）。Vogel 等认为脆弱性是社会个体或群体预测、处理、抵抗不利影响，并从不利影响中恢复的能力，包括物理、社会、文化和心理的脆弱性和能力，通常被看作是与性别、背景、时间、空间和尺度有关（2004）。

20 世纪以来，脆弱性的概念更加扩展，逐渐发展成为一个综合自然环境系统和社会经济系统的综合概念。Pearce 将风险管理分为 HIRV（hazard，impact，risk 和 vulnerability）四个部分，模型中定义脆弱性为人、财产、工业、资源、历史建筑对灾害的敏感性以及产生的消极影响（2000）。脆弱性是个体因为暴露于外界压力而存在的敏感性，以及个体调整、恢复或进行根本改变的能力（Kasperson et al.，2001）。Turner 等认为脆弱性是一个系统、子系统或系统部分可能经历的由于暴露于突发性或渐发性致灾因子而导致损坏的程度（2003）。UNDP 提出脆弱性是由灾害影响所破坏的尺度和可能性来决定的自然、社会、经济、环境各个因素间的共同作用而产生的一种人类社会状态或过程（2004）。脆弱性是一种受致灾因子影响的载体的敏感性（ADRC，2005）。

国内的脆弱性研究相对较晚。商彦蕊认为灾害脆弱性是指由灾害系统的自然和人文社会经济特征所决定的、承灾体易于遭受致灾因子影响并遭受损失的性质（2000）。李鹤等认为脆弱性是指由于系统（子系统、系统组分）对系统内外扰动的敏感性以及缺乏应对能力从而使系统的结构和功能容易发生改变的一种属性。它是源于系统内部的、与生俱来的一种属性，只是当系统遭受扰动时这种属性才表现出来（2008）。石勇等认为自然灾害脆弱性概念应该分两个维度进行理解，一是承灾体是系统还是承灾个体，另外还要考虑是从承灾体本身的物理属性还是从社会角度分析脆弱性产生的根源（2011）。

农业旱灾脆弱性是指农业系统受旱灾影响的程度或抵御旱灾影响的能力。Simelton 等认为旱灾脆弱性是指气象测量上的干旱程度对农业生产产量的影响（2009）。农业旱灾脆弱性高的区域，轻微干旱即可能导致农作物产量严重损失；农业旱灾脆弱性低的区域，严重干旱也可能对农作物产量的影响很小，或基本没有影响。水利设施的修建、生态环境的改善、农田的建设和抗旱作物的耕种都有利于降低农业旱灾的脆弱性。

1.2.1.3 旱灾风险与暴露性

风险就是可能受到灾害影响和损失的暴露性（Morgan et al.，1990）。处于致灾因子影响范围之内的这些承灾体及其分布统称为暴露。暴露性是指对于一个给定地区和致灾因子相关的承灾单元的经济价值，暴露性的价值是致灾因子类型的函数。暴露性是暴露于致灾因子的一系列人或物，是风险的组成部分（UNDP，2004）。暴露性是描述将要经历致灾因子打击的财产价值和人口数量的物理量（Blanchard，2006）。暴露性是评价或测量暴露于某种致灾因子的强度、频率和时间的过程（EEA，2005）。暴露性是灾害风险的一个组成部分，是受自然灾害影响的人和财产（ADRC，2005）。暴露性是人员、生计、环境服务和各种资源、基础设施，以及经济、社会和文化资产处在有可能受到不利影响的位置（IPCC，2012）。总体而言，暴露性是致灾因子与承灾体是否接触成灾的前提，对生命体、财产、社会、环境等承受体经济价值的描述。农业旱灾暴露性是指处于干旱影响范围内的承灾体分布的数量和规律，具体而言就是受干旱影响的农作物、农户的数量和分布。

1.2.1.4 旱灾风险与适应性

适应性、脆弱性和恢复性是影响灾害风险的三个重要因素，对各类承灾体的灾害风险水平起着再调节作用。适应性是对人地相互作用过程的一种表征（史培军等，2006），适应是不同尺度系统中（家庭、社区、群体、区域、国家）的一个过程、一种行动或者结果，当面对气候变化、压力、灾害以及风险或者机遇时，作为一个系统能更好地应对、管理或调整（Smit et al.，

2006）。在适应性的概念研究中，通常会将适应性与适应能力进行比较。在社会和生态系统内，适应能力代表人类对这一复杂系统弹性的调控机制与管理，即通过学习对环境变化带来的影响进行修复与调节，进而使系统处在一个适当的状态。而在气候变化领域里，适应性则被定义为自然、人文系统对现状以及未来气候变化的响应和调整，包括预期的、自动的、瞬时的、规划的、公共的和私人的。但总体而言，对适应性的定义都强调面对变化或打击时，系统做出的适应和调整，以达到降低风险、减少损失的目的。

1.2.2 农业旱灾风险的研究进展及趋势

农业旱灾风险是干旱灾害显现（即发生的概率）和社会脆弱性的结果（Wilhite，2000），具有不确定性、动态性和可规避性。农业旱灾风险的形成过程是由于农业旱灾承灾体暴露于农业旱灾致灾源，而造成农业旱灾损失的可能性。致灾因子降水量、河川径流量和作物水分胁迫等，都会对最后旱灾损失的程度产生影响。承灾体包括农作物、农户和整个区域系统，承灾体的脆弱性和暴露性共同影响着风险的大小。农业旱灾承灾体脆弱性是指某种农作物易于遭受致灾因子危害的程度，反映了特定品种、特定种类农作物对农业干旱打击的承受能力。农业旱灾的暴露性是指农业旱灾致灾因素对个体承灾体进行打击，并对承灾体本身造成损失的开关以及承灾体的数量和价值。农业旱灾风险分析是确定风险大小并采取灾害管理措施的过程，因此对农业旱灾风险的研究主要集中在农业旱灾风险评价和农业旱灾风险管理两个方面。

1.2.2.1 农业旱灾风险评价研究

在不稳定的孕灾环境中，具有危险性的干旱事件经承灾体的脆弱性传递作用于承灾体而导致承灾体受灾，这种灾害发生的概率和可能造成的损失规模即是旱灾风险（金菊良等，2014）。因此，农业旱灾风险评价的研究也主要从致灾因子、承灾体、灾情损失和农业旱灾成灾机制四个角度开展研究。从致灾因子的角度研究旱灾风险包括：宏观上的致灾因子主要是气象干旱和水文干旱的情况，微观上的致灾因子主要是由于气象干旱和水文干旱导致的农作物生长过程中水分亏缺的情况，也涉及农业干旱的范畴。从承灾体的角度研究旱灾风险，主要可分为农作物本身和农业系统两种农业旱灾的承灾体脆弱性的评价研究。从灾情损失的角度研究旱灾风险，主要是对农业干旱和社会经济干旱所造成的灾情损失结果的层面进行农业旱灾风险评价。从农业旱灾成灾机制的角度综合研究旱灾风险，主要是试图涉及气象干旱、水文干旱、农业干旱和社会经济干旱等多个层次上的干旱，从农业旱灾成灾机制的角度综合评价农业旱灾风险。

早期的旱灾风险评价研究，开展较多的是从气象干旱形成机理和评价指标的角度进行旱灾风险识别研究。在国家尺度上，大多依据事先拟定的干旱等级及其标准，应用气象干旱指数，对干旱事件进行早期识别以及风险评价。Palmer 提出了目前国际上应用最为广泛的帕尔默干旱指标（PDSI）（1968）。PDSI 是基于水分平衡原理而构建的气象干旱指标，包含降水量、蒸散量、径流量和土壤有效水分储存量在内的水分平衡模式。Thomas 等假设降水量服从 T 分布，考虑了降水服从偏态分布的实际，随后进行正态标准化处理，得到标准化降水指数 SPI（1993）。SPI 使得同一个干旱指数可以反映不同时间尺度和不同类型的水资源状况，成为继 Pamler 指数之后又一被广泛认可的指标。除此之外，还有前期降水量指数（API）（McQuigg，1954）、总缺水量指数（何慧娟等，2016）、Palmer 水文干旱指数（PHDI）（Palmer，1968）、地表水供给指数（SWSI）（Shafer et al.，1982）、连续无雨日数（黄晚华等，2014）等。

随着对农业干旱认识的不断加深，学者们从农作物自身属性、农户和区域对旱灾风险进行定量评价。定量评价和管理旱灾风险的基础和有效途径，是通过识别和分析研究地区尚未发生的干旱及其出现的概率和可能产生的损失后果，确定旱灾风险级别。农作物是旱灾系统中最直观也最主要的承灾体，对农作物的旱灾风险评价是旱灾风险评价的主要内容。农作物风险的评价多数是利用作物模型定量模拟特定干旱指标（降水量、作物水分亏缺等）与作物生物量之间的关系，从而对作物因旱损失进行微观风险评价。常用的农作物干旱指数包括植物状况指数、农作物水分指数（CMI）（Palmer，

1968）、帕尔默水分距平指数（Z 指数）（闫宝伟等，2007）、水分胁迫指数等。其中，CMI 是在 PDSI 的理论框架下，基于每周平均温度和总降水计算的一个综合干旱指数。用 CMI 指数表达遥感监测结果，可以获得作物干旱演进的空间分布动态图。水分胁迫指数是基于农作物生长机理得到，具有一定的物理含义，能够比较准确地表达农业干旱致灾因子对农作物生长累积影响的指标。

农户是旱灾中的另一承灾体。基于农户的旱灾风险评价可以从生产、生活系统两个方面构建评价指标体系。生产易损性指标包括复种指数、耗水作物播种面积、灌溉指数、农作物产投比；生活系统易损性指标包括人均年用水量、人口数量、前一年人均纯收入、前一年人均粮食产量（王志强等，2005）。基于农户的旱灾风险评价也可从个体因素、事件因素、知识结构、社会因素等方面评估农户对旱灾风险的感知，通过心理量表和多因素分析技术，以数量化的方式展现人们对风险的态度和知觉，揭示出决定风险感知的因素（史潇芳等，2015）。

对于区域农业系统的旱灾风险评价多是采用基于历史灾情的概率统计或基于指标的模糊评价。基于历史灾情的概率统计往往采用因旱减产率的概率分布来定量化表示旱灾风险大小，或者拟合因旱减产率和农业干旱烈度概率关系曲线来描述农业旱灾风险（许凯等，2013）。基于指标的模糊评价从灾害系统构成要素的致灾因子危险性、孕灾环境、承载体脆弱性及防旱减旱能力四个方面，分别构建指标体系，在此基础上应用加权综合评分法、层次分析法或者判别矩阵对农业旱灾风险等级进行评估（郗蒙浩等，2013）。除此之外，常用的方法模型还有投影寻踪模型（张竟竟等，2016）、模糊聚类分析法（吴东丽等，2011）、突变评价法（唐明等，2009）、信息扩散理论（孙才志等，2008）的评价法等。

旱灾风险评价主要通过不同干旱等级的指标之间的叠加来识别干旱危险性水平，有两种表现形式：一种是以等级矩阵的方式表达，通常是用不同等级的干旱致灾频率与灾害程度来构建识别矩阵。观察频率与灾害程度间的不同组合方式，结合实际情况，将组合结果分成若干等级来描述干旱风险的致险程度（Shi et al.，2006）。另一种则是运用 GIS 技术，将不同的干旱致灾因子以栅格图层的形式在空间上进行叠加表达，通过 GIS 属性数据库操作和运算，获得区域灾害风险分级空间分布图（魏建波等，2015）。这类方法计算简单，空间表达效果好，随着 GIS 技术的兴起与发展，常用来进行干旱风险区划。

1.2.2.2 农业旱灾风险管理研究

农业旱灾风险管理是通过监测、分析、预测干旱灾害发生及发展规律，评估干旱灾害可能造成的损失和影响，优化组合各类抗旱措施，从而有序、有效地应对农业干旱灾害。农业旱灾风险管理的本质是有效规避和降低农业旱灾风险。

在国际上，开展干旱风险管理较早的国家是美国和澳大利亚。1998 年，美国国会通过了《国家干旱政策法案》，并成立国家干旱政策委员会，把完善干旱规划、减灾措施、风险管理、资源环境、公众教育作为管理的核心内容。为了实时追踪干旱情况，美国国家干旱减灾中心发布了国家干旱监测图，每周发布一次全国干旱监测情况。1989 年，澳大利亚政府设立干旱政策评估特别工作组，将干旱视为一种成本风险进行考虑，政府不应该以应急救援为主，而应以提高社区适应力和恢复力为目标建立风险管理机制，在极端干旱情况下，以贷款政策来帮助解决干旱造成的困难（亚行技援中国干旱管理战略研究课题组，2011）。Prabhakar 和 Shaw（2008）针对印度的旱灾脆弱性，提出应适当地加强防范计划，修订现行的季风和旱灾预测方法，建立旱灾监测和预警系统。印度的旱灾风险管理涉及两个方面：其一是旱灾监测、反应和救济机制；其二是干旱减灾机制。Ayers 和 Huq（2009）强调了管理气候变化风险的战略——减缓和适应，认为决策者在全球减灾议程中兼顾减缓和适应措施，能有效提高灾害的适应和可持续发展水平。刘兰芳等以可持续发展理论为指导，依据风险评价结果，构建了衡阳市农业水旱灾害风险管理的三大体系：其一是干旱风险的抑制措施，采取生态工程措施，降低农业旱灾发生的概率；二是旱灾脆弱性降低措施，建设完善水利设施，降低系统脆弱性；三是风险责任分级承担与风险转让，建立农业保险合作社，推动减灾工作产业化（2002）。程静对我国农业旱灾脆弱性及风险管理进行研究，指出天气指数保险和天气衍生品能有效克服传统再保险市场的局限性，可以成为农业生产者规避农作物产量风险的有效工具，并且建议各种公益性社团组织、基金会、慈善组织、新闻媒体、法律服务机构、非政府组织及国际性金融机构等利益相关者也都应与政府联合起来，发挥各自的网络资源、组织优势及连接政府与民间的中介功能并密切配合，组建一个综合性的干旱灾害安全网络（2011）。

传统的农业干旱风险管理主要采用危机管理模式，即在农业干旱发生后，着手研究和拟定应急管理措施，减轻灾害持续过程中及灾害结束后的损失程度，部署并执行灾后的恢复与重建计划。现代的农业干旱风险管理指采用系统、科学的方法，通过加强灾前干旱管理、组织灾后抗旱救灾和恢复重建工作，对干旱风险进行监测、识别、分析、评估、决策并进行管理评价的全过程。

1.2.2.3 农业旱灾风险研究趋势

农业生产是自然再生产和经济再生产交织的过程。农业气象灾害风险具有自然属性和社会经济属性，其中自然属性居主导地位，社会经济属性对灾害风险有增减作用。在对农业旱灾风险进行研究时，要同时注重自然因素和社会因素的影响，尤其是有关社会经济属性指标、不同评估指标影响权重的确定等因素，仍缺乏科学与量化的方法。

农业气象灾害风险属性要素的科学构成与量化评估、成险过程因子演替及其相互作用等将成为理论研究的重点；作物模拟模型、数值模式、数学仿真技术以及数理统计新技术、新方法等的引入、融合和创新发展，将成为灾害风险评估技术方法发展的重点。

农业旱灾风险具有不确定性，不同的地理位置、气候条件、社会经济发展水平都对农业旱灾风险的形成产生影响，也使得农业旱灾风险的复杂性大大增加。因此对农业旱灾风险的研究既要加强对极端天气事件和气候变化致灾因子的理解，还要从承灾体的适应及孕灾环境的稳定性出发，寻求适应气候变化，与灾害风险共存的生产生活方式。

在全球变暖的背景下，未来极端干旱天气发生可能更加频繁，农业旱灾风险日益增大。农业旱灾承灾体从被动地接受农业旱灾影响转变为主动地适应农业旱灾，加强农户旱灾风险意识的培养将会是农业旱灾减灾的趋势。积极改进农业生产技术、推广有机生态农业，完善农业旱灾风险保险体制的建立，通过转移、规避旱灾风险等方式切实降低农户损失，建立多空间尺度的综合风险防范体系，实现区域可持续发展。

1.3 农业旱灾适应研究进展

1.3.1 自然灾害适应的相关释义

适应一词最早起源于生态学，是指一定范围的环境偶发事件中，一个物种、种群或个体能够通过改善自身状况来适应新情况，以保证种群生存和延续的一种能力。生物种群可以通过适当改变更好地适应变化的环境，由此获得相应的适应特征，通过遗传进化得以保留并代代延续（方一平等，2009）。人类系统也具有这种非常相似的适应能力，在漫长的进化过程中，通过不断吸取经验教训，增强学习能力并推动技术进步，进而不断适应环境变化，促进社会经济和人类生活持续进步和发展（方修琦等，2007）。由于国内外不同的研究领域都涉及适应性，所以对适应性的定义各有侧重和不同。在灾害学领域适应性概念的理解经历了从处理能力、响应到调整的变化过程。

适应性作为一种处理能力，Watts 等认为是处理较短时段和长期"潜在可能"的能力（1993）；Brook 认为是"系统的调整"的行为以及特征，可以增强处理外部压力的能力（2003）。适应性作为一种响应，Smit 等认为是生态—社会—经济系统对实际的、预想的和气候振荡的一种响应，以及气候振荡的效果和影响（1999）；一个区域或者部门对气候变化的适应能力依赖于许多非气候的因素，如经济发展与投资水平、市场或者保险等的可获得性、社会经济政策、文化与政治考虑、个人与公共财产相关的法律等（2002）。适应性分析是气候变化政策响应的一个重要组成部分。适应也是一种调整的过程。关于气候变化的适应，Smit 等认为包括为了降低整个社会对气候变化脆弱性而采取的所有人类行为或是经济结构的调整措施（2000）；对气候的适应是一种人们减少气候对健康和福利负面影响，并利用气候环境变化所提供机会的过程（2006）。Burton 等认为适应是在过程、措施或结构上的改变，以减轻或抵消与气候变化相联系的潜在危害，或利用气候变化带来的机会，包括降低社会、地区或活动对气候变化和变率脆弱性的调整（2002）。Adger 等认为适应是减少气候变化负面影响的一种政策选择（2005）。王静爱等把灾害学领域中的适应性理解为人类应对自然灾害所做出的适应、调整的行为及其产生的结果（2006）。Doria 等认为一个成功的适应定义应该是"一种调整、减少与气候变化及气候变化影响下的脆弱性相关的风险，到预定水平时，不会对现有的经济社会、环境的可持续性造成影响"（2009）。IPCC 根据自然和人为系统对新的或变化的环境做出的调整认为，适应气候变化是指自然和人为系统对于实际的或预期的气候刺激因素及其影响所做出的趋利避害的反应（IPCC，2012）。

不同研究领域都强调系统的适应，适应性强的系统能够在自然环境、基本生产力水平、社会经济发展等关键功能不发生明显变化的情况下，重新自我组织并更新完善。适应反映了当面对气候变化、压力、灾害以及风险时，家庭、社区、群体、区域、国家等不同尺度的系统做出的应对、管理或调整的过程、行动或者结果（陈凤臻等，2010）。

综上所述，不论是小范围还是大区域在应对环境变化时，最终都以降低承灾体脆弱性、增强适应能力为目标。尽管以上不同的定义各有侧重，但都强调需要调整系统，以减小其脆弱性，改善和加强其对气候变化的适应能力。适应的内容涉及自然的和突发灾害的影响评估过程，针对气候变化所采取的对策可以增强区域可持续发展的措施设计和完善过程。总体上看，不同研究领域对适应性的定义，都强调面对变化或打击时，系统做出的适应和调整，以达到降低风险、减少损失的目的。

1.3.2 农业旱灾适应的研究进展

国际上，气候变化与自然灾害风险的应对方式经历了三个时期的转变。

早期，人类减灾的重点是关注自然灾害损失。通过研究致灾因子发生的频率和大小，修建一系列抗灾工程，增强易受灾地区的抵御能力，减少灾害造成的损失。中期，随着社会经济的发展，人类活动对环境的影响进一步加深。一方面全球变暖导致极端事件发生的频率和强度增加，另一方面，城市的不断扩展导致人口和建筑等承灾体数量和暴露性增加，灾害造成的经济损失不断加重。致灾因子具有不确定性和不可控性，而承灾体脆弱性主要受自身物理属性和社会属性影响，人类社会可以通过对承灾体脆弱性程度的影响，相应地制约自然灾害风险损失的大小。人类通过增强承灾个体应对能力、调整区域规划降低区域脆弱性以减轻灾害风险。后期，经济社会的发展使区域防灾减灾能力增强，但灾害响应时间和技术改革的滞后性，使减灾技术提升的程度并不能抵消致灾因子危险性不断加强和承灾体规模迅速扩大导致的灾害风险增加。在这样的形势下，人们逐步意识到灾前降低灾害风险和注重适应策略的重要性，全球应对灾害的策略也逐步由防灾抗灾调整为综合减灾。2005 年，联合国第二届世界减灾会议也明确指出，应建立与风险共存的社会体系，实现社会可持续发展（UNISDR，2005）。与此同时，学术界关于灾害研究和应对策略的研究也转向综合减灾和巨灾风险防范，采取适时管理的措施降低灾害风险，因此提高灾害承灾体的适应能力逐渐受到关注。

当前，减轻灾害风险和提高灾害的适应能力已逐步成为灾害研究领域的热点，脆弱性、风险性、恢复性与适应性已成为理解全球变化人类行为的重大理论认识。同时，脆弱性、恢复性、适应性也是全球环境变化人文因素计划（IHDP）中非常重要的核心概念。尽管气候变化对农业的影响具有不确定性，但人类通过采取适应措施，减轻环境对人类的胁迫，增强对干旱灾害的抵御能力，扩大人类社会系统承受范围，如降低自身脆弱性、控制发展需求等，来适应自然环境的变化。

近年来，相关学者从不同的时空维度对适应性展开了研究，主要围绕适应对象、适应主体、适应方法与策略，以及适应的效果反馈这几个层面展开。适应的对象包括对自然生态环境的适应和对人文社会环境的适应，根据适应的对象不同，适应的主体和策略也随之调整。适应的主体一般是指人类生态系统，Bossel 将全球变化背景下的适应主体分为三类（1999）：自然系统、支撑系统和人文系统。自然系统主要包括环境和资源系统；支撑系统包括经济系统和基础设施系统；人文系统包括政府和个体系统。IPCC 将适应措施划分为主动适应与被动适应，个人适应与公众适应，自发适应和计划性适应。人类对气候变化的具体适应方式主要有两类：一方面可以人为选择培育适应性强的新物种，退耕还林增加生态用地面积，涵养水源，改善土地资源等，调节和改善自然环境；另一方面可以限制人口增长，推广环境友好型农业，提高生产生活技术，降低人类脆弱性等，使需求与自然资源相适应。

旱灾是严重影响我国农业生产的主要自然灾害，通过对区域灾害系统的理解，认识农业系统中致灾因子、孕灾环境和承灾体脆弱性程度对干旱形成灾害起到决定作用，主要影响因素包括气温降水不足、土地利用状况，以及农作物、农业人口和区域情况等。因此在农业旱灾形成过程中，通过调整改善承灾体的行为，或者采取与环境变化相适应的措施，有助于承灾体增强农业旱灾适应能力，减少干旱带来的不利影响，较好地规避旱灾风险，降低灾害损失。从不同的尺度进行区分，可以将农业旱灾承灾体分为农作物、农户以及区域三种类型。

以农作物作为旱灾承灾体的适应性评价研究，多从降水条件、敏感度以及作物品种等农业生产条件方面，研究农作物对环境的适应情况。利用作物模型，如 MACROS 模型（Katawatin et al.，1996）、DSSAT 模型（Liu et al.，2011）、APSIM 模型（Thorburn et al.，2010）和 EPIC 模型（Wang et al.，2013）等，从作物生理生态机理角度评估农作物的适应能力，脆弱性与风险越小，作物的适应能力就越强，通过适当调整和改进生长模型，便可直接应用于农作物旱灾适应性评价。也有学者将回归分析方法运用到农业旱灾的适应性评价中，在回归分析中考虑影响农作物生长的干旱指标，以回归系数的大小来度量该品种的适应性（马德高等，2011）。苏筠等以作物需水亏缺指数为主要影响因素，构建农业旱灾承灾体脆弱性评价指标体系，分析得出承灾体脆弱性的高低对灾害损失程度的大小有重要作用（2005）。这些研究主要评价了农田、主要作物等承灾体的脆弱性，研究范围还有局限性。将作为承灾体的农业区域、农户的影响因素也纳入到评价指标中，进而构建全面反映承灾体适应性的评价指标体系研究，还需要进一步深入。

对农户适应性的具体研究多是采用问卷调查和访谈的方式，通过对数据的分析，探究当地农户适应的动机和行为，探究影响农户适应的主要因素（Duinen et al.，2015）。从微观角度来看，作为承灾体的一部分，一方面农户是从事农业生产的基本单位，也是旱灾打击的直接和最终对象；另一方面农户在与干旱环境不断调整适应的长期过程中，或被动或主动地形成了应对干旱的措施和方法，以此降低灾害风险，增强家庭自身的灾害恢复能力，减轻农业旱灾破坏的影响（万金红等，2008）。从宏观角度来看，农户家庭不仅是适应当地生态环境和经济环境的最小单元，也是当地社会经济系统组成的基本单元，能够反映出当地社会经济的适应状况（Udmale et al.，2014）。所以当面对灾害或风险时，农户为了降低脆弱性，提高适应能力，减少灾害损失，一方面需要从内部改变、调整自身行为，规避旱灾风险，更好地适应旱灾以降低自身受到的影响，另一方面需要从外部依靠政策和技术的支持，提高恢复力水平，保持并改善当前状态，增强应对环境变化的能力。由此可以看出，社会经济的发展和自然环境的改变都可以从农户适应灾害的过程中得到反映。目前以农户为主要承灾体进行的适应性评价研究较少，还有很多问题需要解决，比如相比于农作物而言，农作物受到降水和温度的影响，且这些影响因子可控，而个体农户之间具有很大的差异，评价过程中难以确定影响因素；再有不同区域之间农户的适应措施和方法，受地理环境与社会经济影响，所以存在地域差异。因此农户适应性评价的影响因素需要进一步研究确定。

以区域作为旱灾承灾体的适应性评价研究，多是通过承灾体脆弱性评价和分析，探讨该区域的减灾模式和应对措施。Hossain 等选取孟加拉西北部干旱地区两个典型的村庄进行实地调查分析，发现干旱对农业的影响是灌溉困难、种植模式的破坏、地下水位的枯竭、鱼类的种植等问题，而农户也在不断采取种植抗旱作物、采集雨水、控制杂草、修建水利灌溉设施等措施适应当地旱灾环境（2016）。周洪建等从河北宣化传统的庭院漏斗式葡萄种植园入手，分析典型区域适应旱灾的特征并基于其生长要求的自然环境构建适应潜力评价指标与模型，探讨半干旱区庭院农业旱灾适应潜力的空间格局（2014）。张建松等以内蒙古兴和县为例，从空间、时间、社会三个方面，总结归纳了北方农牧交错带形成的空间上因地制宜、时间上减轻风险、社会上风险共担的农业旱灾适应模式（2011）。杨春燕等从县域尺度上考虑农牧交错带的农业旱灾脆弱性主要受到农牧用地比例的影响，提出农牧结合发展、以农促牧、以牧养农等有利于降低地区农业旱灾脆弱性适应模式（2005）。总体上看，不同地区的适应措施会有所不同，具有局限性，怎样增强适应措施的普适性，总结不同区域的适应模式和方法，并进一步研究这些模式和方法在不同地区的应用，还有待深入探讨。

总体而言，农业旱灾适应性的研究多集中在旱灾适应的评价与适应策略的分析。学者大多以区域灾害系统论为基础，从成灾过程的角度，确定评价指标，构建评价模型。但不同区域不同尺度旱灾成灾过程存在的差异性，并没有探索出包括承灾体一般性和特殊性的评价指标体系，以满足评价农业旱灾风险和适应能力的不同层次的需求，这是当前研究中的不足。此外在气候变化敏感区和干旱影响严重地区开展的旱灾适应的实证研究，包括农户对旱灾的感知、适应措施等，多是集中在一次旱灾过程的实证分析上，而从年际、十年际的时间尺度上对地区发展需求、适应措施及其响应效果的实证分析还比较少。

1.3.3 农业旱灾适应性研究进展

农业旱灾适应性研究，主要集中在通过构建指标体系计算评价研究区域脆弱性的大小，由实证分析提出研究区域的适应模式，或者是使用客观科学的方法对适应对策的效果进行分析和评估等方面。

1.3.3.1 农业旱灾适应性评价方法进展

旱灾适应性评价是研究者根据一定的评价目的和评价指标对研究区的旱灾适应性情况进行评定与分析，以了解当地的适应能力和适应情况。通过分析研究区的自然气候条件、农业发展水平、作物种植结构以及农户收入情况等相关因素，评估研究地区及其生态环境、经济和社会系统对气候变化和干旱情况的适应程度，对农业旱灾的适应性进行评价，发现当前适应中存在的不足，不断调整当前的适应措施，从而更好地适应当地的农业旱灾环境。

农业旱灾适应性评价是了解地区受旱灾的影响情况以及对农业旱灾适应能力的一种常用方式。研究区域尺度的旱灾适应性评价是研究其他尺度旱灾适应性的切入点，也是更大尺度（国家、全球）或更小尺度（区县、乡村）进行适应性评价的重要参考。同时，也可为不同地区的旱灾适应对策制定提供依据和现实模式。

旱灾适应性评价的准确性关键在于从众多的方法模型中选择一种恰当的方法，客观地反映评价客体的情况。目前的评价方法大致可以分为两类：机理模型与统计模型。机理模型是借助计算机从事物机理的角度进行系统评价，而统计模型则利用统计学方法对事物进行客观的评价。

（1）机理模型

机理分析是通过对系统内部原因（机理）的分析研究，从而找出其发展变化规律的一种科学研究方法。机理模型又称原理模型，在抽象化和理想化的条件下，以反映对象的特性和规律的概念来描述对象结构的一种综合（严美春等，2000）。由于世界上不同地区旱灾适应的需求，适应性的研究者和决策者所处的环境、价值观、利益关系等不同，适应分析的框架也存在一定的差异。2012 年，联合国环境规划署指出当前的适应性分析框架大致存在 4 种（UNEP，2012）。

①基于灾害系统的分析框架。基于灾害系统的分析框架从产生灾害的孕灾环境、致灾因子和承灾体三个方面探究形成旱灾系统的脆弱性以及地区的适应能力。气候变化下自然或社会系统的脆弱性，取决于系统对气候变化的敏感性、系统的暴露程度和系统的适应能力三个方面。全球气候的变化使气候致灾因子的强度、频度及其影响区域扩大，极端天气事件发生频率增加。人类不合理利用土地，导致土地退化过程加快，土地生产能力下降，水、旱灾害加剧。区域环境的恶化进一步加剧全球变化。人口快速增长，城市化进程加快，更多的人居住在灾害易发的区域，人口和农作物暴露性增加，导致

区域总体的脆弱性增加。适应措施是减轻灾害影响、降低区域脆弱性的有效途径。前一阶段的适应能力可以影响系统在面对当前发生的灾害或进展缓慢的灾害时的脆弱性，因此当前的脆弱性可以反映上一时期的适应能力。系统遭遇气候变化导致的极端天气时，被破坏的程度可以表征系统的脆弱性，而系统当前的脆弱性则由当前系统的暴露程度和敏感性以及系统上一时期的适应能力决定。因此，可通过对区域的脆弱性进行分析，从而探究区域的适应能力。

②基于生计的分析框架。基于生计的分析框架强调现有社会条件、个人意识、当地经验、民间机构的重要性，认为这些方面是决定社区应对气候变化，制定恰当适应措施的基础。生计是指获得生存的能力，包括有形和无形的资本，如人力资本、社会资本、自然资本、物质资本、金融资本，可用来判断社会对自然灾害的敏感性和应对能力。该分析框架主要通过对研究区的政府、社区、农户进行问卷调查或者访谈研究，考察当地的社会经济情况，分析当地农户对气候变化和旱灾的认识，探讨政府和非官方组织应对旱灾所采取的适应措施，从而综合评价当地的适应能力。气候变化的适应感知是农户是否采取适应行动的重要决定因素。气候变化感知是影响农户适应决策的关键因素，农户对干旱等极端气候的适应措施选择与其感知强度有关，当感知到的与气候变化相联系的风险与适应能力较低时，农户参与适应实践的可能性就会降低；相反，农牧民对极端气候影响的认知越强烈，就更倾向于采取卖畜、购草、转场等适应行为。Wheeler 等指出，农户的气候变化信念与所采取适应策略之间的关系常常是内在的，它与农户的行为变化、对气候变化的风险准备及管理等呈显著正相关关系，成为驱动转型变革的重要因素（2011）。

③基于影响的分析框架。基于影响的分析框架由政府间气候变化专门委员会提出，他们认为适应是对气候变化未来影响的预测基础上提出的一个或多个决策，适应能力的评价即是适应性决策的好坏。未来的影响和决策的制定可以采用多准则评价、成本—效用或者成本—效益进行分析。成本—效益分析是指通过估算某一特定适应投资的各种经济成本及非经济成本，并与不

采取适应措施的结果进行比较。如果净收益大于 0，则该适应措施是符合成本效益的，可以实施，反之则不可（潘家华等，2010）。成本—效用分析是指面对多样化的适应政策选择时，判断某一适应措施是否能够更有效地降低脆弱性。有效的适应措施必须具备一定的灵活性，即在气候变化情景和社会经济条件发生变化时，也能够实现预计的适应目标。

④基于机构的分析框架。基于机构的分析框架认为应该通过横向一体化的政策来让现有的政策制定充分考虑气候变化的适应。地区官方机构和非官方机构所颁布的政策和采取的措施在一定程度上也反映了地区整体的适应能力。适应气候变化，需要有针对性的政策选择和经济分析，需要通过政策、立法、行政、财政税收、监督管理等制度化建设，促进相关领域增强适应气候变化的能力。开展农业的地区往往社会发展相对落后，基础设施不够完善，经济结构比较单一，一旦发生干旱等极端气候事件，农作物和农户都会受到很大的威胁。这就需要政府和机构提供相应的政策和资金支持，利用政府财政转移支付、发展民间金融投资、提高水利灌溉等农业生产基础设施建设，增强农业抵御气候变化和旱灾的能力。同时，政府和机构可通过推进农业保险，实现灾害风险机制，减轻农户应对旱灾的压力。

机理模型适用于地区、国家等大范围的农业旱灾适应性评价，通过对区域整体的生态环境脆弱性和社会环境脆弱性进行分析，从而综合评价地区的适应能力。机理模型有助于挖掘区域适应能力形成的内在原因和变化规律，是目前国际上研究适应性的一种常用方法。

（2）统计模型

统计模型经过数理统计法求得各变量之间的函数关系。基于统计模型的评价方法较多，主要包括层次分析法（AHP）、投影寻踪法、模糊数学法、主成分分析法、人工神经网络法、熵值法、灰色综合评价法等。

①层次分析法是将与决策有关的元素分解成目标、准则、方案等层次，在此基础之上进行定性和定量分析的决策方法，评估结果可靠度高，误差较小。

②投影寻踪法是处理和分析高维数据的一类新兴统计方法，其基本思想

是将高维数据投影到低维（1～3维）子空间上，寻找出反映原高维数据的结构或特征的投影，以达到研究和分析高维数据的目的。

投影寻踪思想与传统的回归分析、聚类分析、判别分析、时序分析和主分量分析等相结合所产生的新分析方法具有很好的应用前景。例如投影寻踪聚类（projection pursuit classification，简称 PPC），是以每一类内具有相对大的密集度，而各类之间具有相对大的散开度为目标来寻找最优一维投影方向，并根据相应的综合投影特征值对样本进行综合分析评价。

③模糊数学法根据模糊数学的隶属度理论把定性评价转化为定量评价，即用模糊数学对受到多种因素制约的事物或对象做出一个总体的评价。它具有结果清晰、系统性强的特点，能较好地解决模糊的、难以量化的问题，适合各种非确定性问题的解决。

④主成分分析设法将原来众多具有一定相关性的 P 个指标，重新组合成一组新的互相无关的综合指标，来代替原来的指标，再以这几个主成分的贡献率为权重进行加权平均，构造出一个综合评价函数。该方法能在较大程度上排除主观因素的干扰。

⑤人工神经网络是由大量处理单元互联组成的非线性、自适应信息处理系统。该评价方法具有自适应能力、可容错性，能够处理非线性和非凸性的大型复杂系统，但是精度不高，需要大量的训练样本。

⑥熵值法是通过计算熵值来判断一个事件的随机性及无序程度。在信息论中，熵是对不确定性的一种度量。信息量越大，不确定性就越小，熵也就越小；信息量越小，不确定性就越大，熵也就越大。也可以用熵值来判断某个指标的离散程度，指标的离散程度越大，该指标对综合评价的影响越大。

⑦灰色综合评价法是一种以灰色关联分析理论为指导，基于专家评判的综合性评价方法。关联度是因素之间关联性大小的量度，定量地描述因素之间相对变化的情况。该方法能处理信息部分明确、部分不明确的灰色系统，所需的数据量不是很大，可以处理相关性大的系统，但定义时间变量几何曲线相似程度时比较困难。

统计模型基于观测数据、社会经济统计数据、调查访谈数据等对地区的适应性进行客观评价，其评价结果直观清晰，在国外小尺度区域的旱灾适应性评价研究中应用十分广泛。

1.3.3.2 农业旱灾适应实证研究方法进展

实证研究法是认识客观现象，向人们提供实在、有用、确定、精确的知识研究方法，其重点是研究现象本身"是什么"的问题。旱灾的适应是地区自然环境与人文环境综合影响下的结果，不同地区因气候水文、地形地貌等自然条件和社会经济发展水平、人口数量等社会条件的不同存在较大的差异。因此，要深入分析旱灾适应的机理，提供有效的适应措施，就需要对具体区域进行实证研究。

有学者对中国华北平原地区政府及农户的具体适应措施进行实证分析，包括前期的旱灾预警及政府支持、农户种植小麦过程的适应措施等，发现农户在面对严重的旱灾时，会调整播种与收获时间、提高人工灌溉的强度从而应对农业旱灾的影响（Wang et al.，2015）。龙凤娇等从农户家庭的微观视角出发，以西南地区的210户受灾农户的调查为基础，采用排序选择模型，研究了由农户家庭特征整合而成的五大农户生计资产对农户家庭旱灾脆弱性的影响，显示自然、人力、金融、物资对农户家庭的旱灾脆弱性有显著影响（2014）。朱增城基于在湖北地区对农户的调查数据，采用统计分析和多元统计的方法对农户的旱灾脆弱性进行实证研究，发现大部分农户都采取消极的适应行为应对农业旱灾，农户户主的劳动能力、收入水平、农田水利设施和当地地势等都对农户的旱灾适应能力有影响（2011）。李雅坤收集了西南各省旱灾和粮食生产的相关年鉴数据，从宏观角度研究了旱灾对水稻生产影响的趋势变化和程度；并在农户行为和农业旱灾系统理论的基础上，利用多元有序回归方法对调研数据进行实证研究，发现农户种植规模、健康状况、节水灌溉、农业技术信息等因素都对农户旱灾的适应情况有影响（2012）。基于农户和社区层面的实地调研能有效弥补宏观数据缺乏针对性、精度低等缺点，将面板数据与实证调查相结合，能够从微观层面提供更具有现实针对性的适应对策。

1.3.3.3 农业旱灾适应策略分析方法进展

在农业旱灾适应措施选择的实际决策过程中，往往需要在多种不同的适应对策之间取得平衡和协调。关于适应策略分析方法，目前在气候变化研究领域研究相对较多。气候变化影响和适应对策方法评估的研究目的主要是希望通过建立和应用先进的、有效的分析工具和方法对气候变化下农业系统的脆弱性和适应方式进行科学评估。适应对策的形式多种多样，大体上适应对策可以分为两大类：自发的和有意识的规划适应对策。前者通常是短期的、战术上的适应，与具体气候变化直接相关；而后者更加偏重战略，是长期的、主动的，通常由政府部门制定并作为部分政策的适应措施。

2001 年，UNDP 给出了一个适应对策研究框架（2001）。该框架是对当前各种研究方法较全面的一个总结，同时将适应研究放在政策制定的背景下，对常规方法做了一点改进。框架重点包括以下内容：①确定最大的和最关注的气候变化脆弱性；②确定已有适应措施中极具效率的措施；③增强经济分析；④建立适应对策的优劣次序排列；⑤将发展国家水平上的适应策略整合到国家经济和可持续发展规划中；⑥增强适应能力；⑦支持适应方面的创新、扩充以及有教育意义的方案；⑧确保社区和公众的参与；⑨强调适应对策区域之间的协调；⑩将更多的精力转移到目前的气候风险、影响和适应方面，将它们作为基准适应分析的一部分；⑪明确地将适应对策考虑包含在气候变异性和异常事件以及长期气候变化中；⑫开发应用刻画未来气候情景的新方法，使气候和天气变量与适应决策更为相关；⑬改进社会经济情景确立、测试和应用解析框架，增强评价脆弱性和适应能力；⑭详细说明目前发展政策以及提议的未来行动计划，尤其是那些可能会导致增加气候变化脆弱性甚至是错误适应的行动；⑮把那些削减自然灾害和灾难预防的措施以及气候变化适应策略和对策综合考虑；⑯将以前的适应对策研究重新定位到探讨政策方面；⑰收集和公布与适应和适应能力有关的数据；⑱将更多的精力放在目前和未来气候变化的脆弱性方面；⑲综合考虑其他的大气、环境和自然资源问题。

适应分析方法工具需要能评价不同的措施和政策。这些决策分析工具一般来说并非是近期开发的新技术，它们在多个学科已有广泛的应用，如决策理论学科、管理科学学科、资源管理学科和系统工程学科等。各种评价工具对两类不同的适应对策评价所采取的方式和分析过程是不相同的。适应科学的研究通常运用两种途径来评价适应对策。第一种途径利用气候变化影响评价模型测试短期、即时或者自发适应措施的有效程度或功能。另一种途径主要是评价预期的或者规划的适应战略和政府政策，因此评估工具总与政策评价和分析有关。常用的适应对策分析方法主要有"气候变化情景驱动"分析法、成本效益分析法、TEAM 模型和多标准评价方法（表1.1）。

表1.1 四种适应对策分析方法比较

方法名称	方法原理
"气候变化情景驱动"分析法	模拟未来不同气候变化情境下，某种适应措施或对策所能达到的效果；或者模拟不同作物在不同情境下的生长适应状态
成本效益分析法（CBA）	估算某一适应策略的各种经济成本与非经济成本，与不采取这种措施的后果进行比较；若净收益大于0，则该适应措施可行，反之不可行
TEAM 模型	根据决策者的意愿自动提供一系列的适应策略，若对决策不满意也可自行添加。然后依据标准对选择的适应性策略的经济、社会、环境等方面的效益进行综合评价，最后得出最优适应对策方案
多标准评价方法	当给定一系列能够被用来处理生物自然和社会经济等方面气候脆弱性的可能适应政策，多标准评价工具能够根据多目标或多属性分析方法，建立适用于评价重要程度大致相等的几个准则，最终在这些可选方案中确定满意的政策

目前为止，大部分气候变化影响和适应对策评价研究都是采用所谓的"情景驱动"的研究方法。这种方法以 IPCC 气候变化影响和适应对策评价的技术指导书为代表，通常也被称为标准研究方法或途径。该方法由以下7个步骤组成：①定义问题（明确研究区域、研究内容，选择敏感的部门等）；②选择适合大多数问题的评价方法；③选择测试方法，进行敏感性分析；④选择和应用气候变化情景；⑤评价对生物、自然和社会经济系统的影响；⑥评价自发的调整措施；⑦评价适应对策。在气候变化研究文献中，大多数

气候变化影响研究都偏重于气候变化对人类社会和生态系统各个具体方面所造成的损失和影响。应用模拟模型的主要目的是建立与气候条件相关的生态系统的未来状态。通过改变模拟模型的相应参数，以反映在应对不同气候变化条件下采用某种适应对策或措施。或者用改变的模型参数表示一些新作物、新树种对未来气候变化的适应性以及生产技术的发展对未来气候变化的适应措施。德国 Calzadilla 利用 GTAP - W 模型分别模拟雨养农业和灌溉农业下气候变化造成的农业生产给水短缺量（2014）。学者 Grothmann 等建立了个体主动适应气候变化模型（MPPACC），评估农户对气候变化风险和自适应能力的感知（2005）。

成本效益分析（CBA）是通过比较项目的全部成本和效益，从而帮助决策者制定最好的政策，并选择最优项目。计算总的成本对效益的比率，称作成本—效益比率。基于 Excel 或者 Lotus 的适应决策矩阵（ADM）用于分析适应措施的费用—效益，帮助研究者比较费用和效益。研究者在矩阵上部列出政策目标，而在矩阵下部列出适应策略（包括不采取任何措施）。通过专家诊断、研究和分析，对每个适应政策赋值（1~5），以表示其在各种适应策略下能够达到特定目标的满意程度。研究者在评价过程中也有权限给每个政策目标设定不同的权重值，然后对这些值进行加权求和从而可以计算效益增加一个单位时的费用。比如 Mizina 等运用适应性决策矩阵和专家打分法（使用任意的数量比例，并不是货币价值）对影响哈萨克斯坦农业的 12 种适应性因素进行分析，筛选出 4 种重要的因素（1999）。Punsalmaa Batima 等对蒙古的牧场旱灾适应进行评价，运用决策矩阵来对各种适应措施从长期有效性、短期收益、成本以及限制等方面分成高、中、低三个层次进行打分。在政策目标被满足而产生的许多效益很难货币化或者不能统一单位的时候，这种方法很有用。然而，深入研究时需要详细的研究和分析结果，用来提供基础信息给研究者作为评价打分的依据，否则打分过程将过于依赖主观判断。但是如果运用它作为问卷的一部分再加以统计分析，这种影响将会消除很多（贾慧聪等，2014）。

TEAM（tools for environmental assessment and management）模型，曾经作

为美国政府的以国家为单位的气候变化影响及使用对策评价项目进行适应对策评价的分析工具，由美国环境规划署开发。这一决策支持系统主要以多准则、多标准决策技术为基础，并以图示手段、人—机对话使评估过程简洁清晰。该评价方法适用于对水资源、沿海地区和农业部门气候变化影响及适应性的评估研究。TEAM 模型应用的第一步是确定研究区域的地理位置，选择对气候变化比较敏感的脆弱性地带作为研究区。第二步，软件会根据决策者的意愿提供一系列的适应对策和措施，如果对提供的决策不够满意，决策者也可以自行添加特殊的对策措施。第三步则是制定适应对策评价准则和标准，然后依据标准对选择的适应性决策及方案所产生的经济、社会、环境等方面的效益进行综合评价，根据每条适应对策的评价得分，得出最优适应对策方案。最后，可通过图示等方式为广大公众和决策者提供分析结果显示。

在许多实际情况中，适应对策的评价往往涉及重要程度大致相等的几个准则，这种情况下单准则标准的评价方法可能效果不佳，多标准评价方法是解决这类问题较好的分析技术，可以用来作为评估适应对策的有效工具。通过它，各种适应策略可以进行相互比较并被有序地和系统地评价。当给定一系列能够被用来处理生物、自然和社会经济方面气候脆弱性的可能适应政策，多标准评价工具能够在这些可选方案中确定满意的政策。许多在决策科学、多标准评价以及系统分析领域开发和建立的方法和工具也可以被用于适应措施的评价，它们能够有效地将气候变化影响评估与区域可持续能力联系在一起。这些方法包括目标规划（GP）（Zahir et al.，2014）、模糊模式识别（FPR）（Yin，2001）、神经网络技术（NN）（Corchado et al.，2000）以及多层次分析过程技术（MLA）（Cigularov et al.，2010）。农业是对气候变化反应最为敏感和脆弱的领域之一，任何程度的气候变化都会给农业生产及其相关过程带来潜在的或显著的影响，特别是极端天气气候事件诱发的自然灾害将造成农业生产的波动，危及粮食安全、社会的稳定和社会经济的可持续发展。尽管气候变化对农业的影响具有不确定性，但采取策略适应气候变化是应对农业旱灾风险的主要途径。不同气候背景下不同地区的旱灾环境各不相同，并且环境变化的不确定性使得选取的适应策略很难保证其正确性和有效性，因此需要对采取的旱灾适应对策进行分析和评估，以选择最适用于该地区的适应措施与方式。

1.4 本书结构

占世界近四分之一人口的中国，农业发展和粮食安全一直都是自身乃至世界关心的热点。粮食安全问题不仅影响着中国国内局势的稳定，也影响着世界各国的政治经济格局。在全球气候变化加剧的背景下，我国社会经济的不断发展，生态环境改变、水资源短缺、人多地少等问题带来的人地矛盾日益突出，农业干旱形势也日趋恶化，进一步加大旱灾风险，农业干旱已经对我国的粮食安全和经济社会的可持续发展造成威胁。适应是人类主动或被动应对自然灾害和灾害风险的一种方式。长期以来人们从技术、制度、文化、发展等多个方面采取灾害响应措施和适应策略，在一定程度上，降低了灾害影响、减少了灾害损失并转移了灾害风险。雨养农业是仅靠自然降水作为水分来源的农业，对气候的变化十分敏感，因此很容易受到旱灾的影响。气象条件的异常引起雨养农业在播种面积和产量方面很大的变异性，气温的升高、降水的减少都将直接影响雨养农业地区农作物的生长和农户的生活，该地区的农户和农业生产的脆弱性都相对较高。然而在全球变暖的背景下，雨养农业地区的干旱化趋势更加明显，未来极端天气发生可能更加频繁，农业旱灾风险日益增大。研究雨养农业区的农业旱灾适应问题，能帮助人们更好地了解当前适应现状，从而调整自身措施，改善生态环境，增强区域农业旱灾适应能力，促进人与自然的协调，以此达到规避风险、减轻损失、保障粮食安全和贫困地区经济发展的目的。

本书首先对雨养农业的定义及分布、当前农业旱灾与粮食安全问题以及农业旱灾适应研究的主要进展进行概括和总结，论述农业旱灾适应的需求与意义，通过对旱灾适应的内在与外在驱动因素进行分析，提出环境变化—发展需求—适应措施三者相互驱动影响的农业旱灾适应机制；分别对当前开展的适应评价、对策分析及实证研究方法进行阐述；然后选取中国北方典型雨养农业区域——山西大同和南方典型雨养农业区域——云南施甸进行适应性评价及实证研究，评价两地当前的适应水平，总结两地的主要适应模式，并针对当前适应中的问题提出优化策略；在第 5 章提出推行农业旱灾保险是当前降低雨养农业区农业旱灾风险、解决该区域贫困落后问题的重要措施之一，并对在我国开展雨养农业旱灾政策性保险的具体问题和细节给出一些意见和建议；最后，本书对前面的内容进行回顾，再一次总结与回答雨养农业区为什么要适应、应当怎样适应以及如何通过适应实现社会经济可持续发展的相关问题。

参考文献

陈凤臻，姜琦刚，于显双，等，2010. 全球变化下北方农牧交错地带区域适应能力评价模型研究 [J]. 地球科学与环境学报，32（3）：292-296.

程静，2011. 农业旱灾脆弱性及其风险管理研究 [D]. 武汉：华中农业大学.

方修琦，殷培红，2007. 弹性、脆弱性和适应——IHDP 三个核心概念综述 [J]. 地理科学进展，26（5）：11-22.

方一平，秦大河，丁永建，2009. 气候变化适应性研究综述——现状与趋向 [J]. 干旱区研究，26（3）：288-305.

何慧娟，卓静，李红梅，等，2016. 基于 MOD16 产品的陕西关中地区干旱时空分布特征 [J]. 干旱地区农业研究，34（1）：236-241.

黄晚华，隋月，杨晓光，等，2014. 基于连续无有效降水日数指标的中国南方作物干旱时空特征 [J]. 农业工程学报，30（4）：125-135.

黄伟，郭燕枝，2014. 我国雨养农业发展的现状和展望 [J]. 河南农业（17）：60.

贾慧聪，潘东华，王静爱，等，2014. 自然灾害适应性研究进展 [J]. 灾害学（4）：122-128.

金菊良，郦建强，周玉良，等，2014. 旱灾风险评估的初步理论框架 [J]. 灾害学，29（3）：1-10.

李鹤，张平宇，程叶青，2008. 脆弱性的概念及其评价方法 [J]. 地理科学进展（2）：18-25.

李生秀，2004. 中国旱地农业 [M]. 北京：中国农业出版社.

李雅坤，2012. 干旱对西南四省水稻生产影响的实证研究 [D]. 武汉：华中农业大学.

梁书民，2011. 中国雨养农业区旱灾风险综合评价研究［J］. 干旱区资源与环境，25
　　（7）：39-44.

刘兰芳，刘盛和，2002. 湖南省农业旱灾脆弱性综合分析与定量评价［J］. 自然灾害学
　　报，11（4）：78-83.

龙凤娇，罗小锋，2014. 西南地区农户旱灾脆弱性分析——基于排序选择模型的实证研
　　究［J］. 灾害学（4）：204-208.

马德高，陈珊宇，刘鑫，等，2011. 小麦新品种在浙江省的丰产性与适应性分析［J］.
　　浙江农业科学（4）：826-827.

潘家华，郑艳，2010. 适应气候变化的分析框架及政策涵义［J］. 中国人口·资源与环
　　境，20（10）：1-5.

秦大河，2008. 气候变化科学的最新进展［J］. 科技导报，26（7）：3-3.

商彦蕊，2000. 自然灾害综合研究的新进展——脆弱性研究［J］. 地域研究与开发
　　（2）：73-77.

石勇，许世远，石纯，等，2011. 自然灾害脆弱性研究进展［J］. 自然灾害学报（2）：
　　131-137.

史培军，王静爱，陈婧，等，2006. 当代地理学之人地相互作用研究的趋向——全球变
　　化人类行为计划（IHDP）第六届开放会议透视［J］. 地理学报，61（2）：
　　115-126.

史培军，2002. 三论灾害研究的理论与实践［J］. 自然灾害学报，11（3）：1-9.

史潇芳，田敏，李建兰，2015. 基于农户尺度的农业旱灾风险感知影响因素及评估［J］.
　　安徽农业科学（5）：1517-1521.

苏筠，周洪建，崔欣婷，2005. 湖南鼎城农业旱灾脆弱性的变化及原因分析［J］. 长江
　　流域资源与环境，14（4）：522-526.

孙才志，张翔，2008. 基于信息扩散技术的辽宁省农业旱灾风险评价［J］. 农业系统科
　　学与综合研究，24（4）：507-510.

唐明，邵东国，姚成林，等，2009. 改进的突变评价法在旱灾风险评价中的应用［J］.
　　水利学报（7）：858-862.

万金红，王静爱，刘珍，等，2008. 从收入多样性的视角看农户的旱灾恢复力——以内
　　蒙古兴和县为例［J］. 自然灾害学报，17（1）：122-126.

王静爱，施之海，刘珍，等，2006. 中国自然灾害灾后响应能力评价与地域差异［J］.

自然灾害学报，15（6）：24-27.

王志强，杨春燕，王静爱，等，2005. 基于农户尺度的农业旱灾成灾风险评价与可持续
    发展［J］. 自然灾害学报（6）：94-99.

魏建波，赵文吉，关鸿亮，等，2015. 基于 GIS 的区域干旱灾害风险区划研究——以武
    陵山片区为例［J］. 灾害学（1）：198-204.

吴东丽，王春乙，薛红喜，等，2011. 华北地区冬小麦干旱风险区划［J］. 生态学报，
    31（3）：760-769.

吴贵蜀，2003. 农牧交错带的研究现状及进展［J］. 四川师范大学学报：自然科学版，
    26（1）：108-110.

郗蒙浩，赵秋红，姚忠，2013. 基于模糊理论的农业旱灾风险评估——以山西省阳泉市
    为例［J］. 自然灾害学报（1）：153-158.

徐淑英，1991. 中国干旱气候划分及其特征［J］. 地理科学（1）：1-9.

许凯，徐翔宇，李爱花，等，2013. 基于概率统计方法的承德市农业旱灾风险评估［J］
    . 农业工程学报（14）：139-146.

亚行技援中国干旱管理战略研究课题组，2011. 中国干旱灾害风险管理战略研究［M］.
    北京：中国水利水电出版社.

闫宝伟，郭生练，肖义，等，2007. 基于两变量联合分布的干旱特征分析［J］. 干旱区
    研究，24（4）：537-542.

严美春，曹卫星，李存东，等，2000. 小麦发育过程及生育期机理模型的检验和评价
    ［J］. 中国农业科学，33（2）：43-50.

杨春燕，王静爱，苏筠，等，2005. 农业旱灾脆弱性评价——以北方农牧交错带兴和县
    为例［J］. 自然灾害学报，14（6）：89-92.

张继权，赵万智，冈田宪夫，等，2004. 综合自然灾害风险管理的理论、对策与途径
    ［C］//中国灾害防御协会风险分析专业委员会年会.

张建松，王静爱，李睿，等，2011. 农牧交错带农业旱灾适应模式与区域可持续发展
    ——以内蒙古兴和县为例［J］. 灾害学，26（2）：92-95.

张竟竟，郭志富，2016. 基于投影寻踪模型的河南省农业旱灾风险评价［J］. 干旱区资
    源与环境，30（6）：83－88.

周洪建，孙业红，闵庆文，等，2014. 半干旱区庭院农业旱灾适应潜力的空间格局——
    基于河北宣化传统葡萄园的分析［J］. 干旱区资源与环境，28（1）：43-48.

朱增城, 2011. 基于农户尺度的农业旱灾脆弱性实证研究——以湖北省曾都区农户调查为例 [D]. 武汉: 华中农业大学.

ADGER W N, ARNELL N W, Tompkins E L, 2005. Successful adaptation to climate change across scales [J]. Global Environmental Change, 15 (2): 77-86.

ADRC, 2005. Total Disaster Risk Management-Good Practices [R].

ALEXANDER D, 2000. Confronting catastrophe: new perspectives on natural disasters [M]. New York: Oxford University Press.

AYERS J M, HUQ S, 2009. The value of linking mitigation and adaptation: a case study of Bangladesh [J]. Environmental Management, 43 (5): 753-764.

BIRKMANN J, 2005. Measuring Vulnerability and Coping Capacity [M]. Tokio: UNU Press.

BLAIKIE P, CANNON T, DAVIS I, et al., 1994. At risk: natural hazards, people's vulnerability and disasters [M]. London: Routledge.

BLANCHARD W, 2006. Select emergency management-related terms and definitions [R]. Vulnerability Assessment Techniques and Applications (VATA).

BOSSEL H, 1999. Indicators for sustainable development: theory, method, applications [R]. Winnipeg: International Institute for Sustainable Development.

BROOKS N, 2003. Vulnerability, risk and adaptation: a conceptual framework [J]. Tyndall Centre for Climate Change Research Working Paper (38): 1-16.

BRUINSMA J, 2003. World agriculture: towards 2015/2030: an FAO perspective. Earthscan [R].

BUCKLE P, MARSH G, SMALE S, 2001. Assessing resilience & vulnerability: principles [R]. Strategies & Actions-Guidelines, Emergency Management Australia.

BURTON I, HUQ S, LIM B, et al., 2002. From impacts assessment to adaptation priorities: the shaping of adaptation policy [J]. Climate Policy, 2 (2-3): 145-159.

CALZADILLA A, ZHU T, REHDANZ K, et al., 2014. Climate change and agriculture: impacts and adaptation options in South Africa [J]. Water Resources and Economics (5): 24-48.

CARDONA O D, 2005. Indicators of disaster risk and risk management: program for latin america and the caribbean: summary report [R]. Inter-American Development Bank.

CHAMBERS R, 1989. Editorial introduction: vulnerability, coping and policy [J] . IDS bulletin, 20 (2): 1-7.

CIGULAROV K P, CHEN P Y, ROSECRANCE J, 2010. The effects of error management climate and safety communication on safety: a multi-level study [J] . Accident, analysis and prevention, 42 (5): 1498-1506.

CORCHADO J M, LEES B, 2000. Adaptation of cases for case based forecasting with neural network support [J] . Soft Computing in Case Based Reasoning: 293-319.

COUMOU D, RAHMSTORF S, 2012. A decade of weather extremes [J] . Nature Climate Change, 2 (7): 491-496.

CUTTER S L, 1993. Living with risk: the geography of technological hazards [M] . London: Edward Arnold.

DAI A, TRENBERTH K E, QIAN T, 2004. A global dataset of Palmer Drought Severity Index for 1870-2002: Relationship with soil moisture and effects of surface warming [J]. Journal of Hydrometeorology, 5 (6): 1117-1130.

DORIA M D F, BOYD E, TOMPKINS E L, et al. , 2009. Using expert elicitation to define successful adaptation to climate change [J] . Environmental Science & Policy, 12 (7): 810-819.

DOWNING T E, 1992. Climate change and vulnerable places: global food security and country studies in Zimbabwe, Kenya, Senegal and Chile [M] . Qxford: University of Oxford.

DUINEN R, FILATOVA T, GEURTS P, et al. , 2015. Coping with drought risk: empirical analysis of farmers' drought adaptation in the south-west Netherlands [J] . Regional Environmental Change, 15 (6): 1081-1093.

European Environment Agency (EEC), 2005. Multilingual Environmental Glossary [R] .

GROTHMANN T, PATT A, 2005. Adaptive capacity and human cognition: the process of individual adaptation to climate change [J] . Global Environmental Change, 15 (3): 199-213.

HERTEL T W, LOBELL D B, 2014. Agricultural adaptation to climate change in rich and poor countries: Current modeling practice and potential for empirical contributions [J]. Energy Economics (46): 562-575.

HOSSAIN M N, CHOWDHURY S, PAUL S K, 2016. Farmer-level adaptation to climate change and agricultural drought: empirical evidences from the Barind region of Bangladesh [J] . Natural Hazards, 83 (2): 1-20.

IPCC, 2012. Managing the risks of extreme events and disasters to advance climate change adaptation: a special report of working I and II of the Intergovernment Panel on Climate [M] . Cambridge: Cambridge University Press.

IPCC, 2013. The physical science basis. Intergovernmental Panel on Climate Change, Working Group I Contribution to the IPCC Fifth Assessment Report (AR5) [M] . Cambridge: Cambridge University Press.

IPCC, 2014. Field C (ed) impacts, adaptation and vulnerability. Contribution of Working Group II to the Fifth Assessment Report of the Intergovernmental Panel on Climate Change [M] . Cambridge: Cambridge University Press.

JOACHIM B, 2008. Rising food prices, what should be done? [R] . IFPRI (International Food Policy Research Institute) Policy Brief.

KASPERSON G, JEANNE X, ROGER E, 2001. Global Environmental Risk [M] . Tokyo-New York-Paris: United Nations University Press.

KATAWATIN R, CROWN P H, GRANT R E, 1996. Simulation modelling of land suitability evaluation for dry season peanut cropping based on water availability in northeast Thailand: evaluation of the macros crop model [J] . Soil use and management, 12 (1): 25-32.

LIU, H L, YANG, J Y, TAN, C S, et al., 2011. Simulating water content, crop yield and nitrate-N loss under free and controlled tile drainage with subsurface irrigation using the DSSAT model [J] . Agricultural Water Management, 98 (6): 1105-1111.

MCQUIGG J, 1954. A simple index of drought conditions [J] . Weatherwise, 7 (3): 64-67.

MIZINA S V, SMITH J B, GOSSEN E, et al., 1999. An evaluation of adaptation options for climate change impacts on agriculture in Kazakhstan [J] . Mitigation & Adaptation Strategies for Global Change, 4 (1): 25 –41.

MORGAN M G, HENRION M, 1990. Uncertainty: A Guide to Dealing with Uncertainty in Quantitative Risk and Policy Analysis [M] . Cambridge: Cambridge University Press.

PALMER W C, 1968. Keeping track of crop moisture conditions, nationwide: The new crop moisture index [J] . Weatherwise, 21 (4): 156 –161.

PEARCE L D R, 2000. An integrated approach for community hazard, impact, risk and vulnerability analysis： HIRV ［D］. Columbia： University of British of Columbia.

PRABHAKAR S V R K, SHAW R, 2008. Climate change adaptation implications for drought risk mitigation： a perspective for India ［J］. Climatic Change, 88 (2)： 113-130.

RICHARD L REVESZ, PETER H HOWARD, KENNETH A, et al. , 2014. Global warming： Improve economic models of climate change. Nature ［P］, doi： 10. 1038/508173a.

SHAFER B A, DEZMAN L E, 1982. Development of a Surface Water Supply Index (SWSI) to assess the severity of drought conditions in snowpack runoff areas ［C］ //Proceedings of the western snow conference. Fort Collins, CO： Colorado State University, 50： 164-175.

SHI P J, DU J, JI M X, et al. , 2006. Urban risk assessment research of major natural disasters in China ［J］. Advances in Earth Science, 21 (2)： 170-177.

SIMELTON E, FRASER E D G, TERMANSEN M, et al. , 2009. Typologies of crop-drought vulnerability： an empirical analysis of the socio-economic factors that influence the sensitivity and resilience to drought of three major food crops in China (1961—2001) ［J］. Environmental Science & Policy, 12 (4)： 438-452.

SMIT B, BURTON I, KLEIN R J T, et al. , 1999. The Science of Adaptation： A Framework for Assessment ［J］. Mitigation & Adaptation Strategies for Global Change, 4 (3-4)： 199-213.

SMIT B, BURTON I, KLEIN R J T, et al. , 2000. An Anatomy of Adaptation to Climate Change and Variability ［J］. Climatic Change, 45 (1)： 223-251.

SMIT B, SKINNER M W, 2002. Adaptation options in agriculture to climate change： a typology ［J］. Mitigation & Adaptation Strategies for Global Change, 7 (7)： 85-114.

SMIT B, WANDEL J, 2006. Adaptation, adaptive capacity and vulnerability ［J］. Global Environmental Change, 16 (3)： 282-292.

THOMAS B MCKEE, NOLAN J DOESKEN, JOHN K, 1993. The relationship of drought frequency and duration to time scales ［C］. Eighth Conference on Applied Climatology, Bosion, MA： American Meteorological Society, 17 (22)： 179-183.

THORBURN P J, BIGGS J S, COLLINS K, et al. , 2010. Using the APSIM model to estimate nitrous oxide emissions from diverse Australian sugarcane production systems ［J］. Agriculture, ecosystems & environment, 136 (3), 343-350.

TIMMERMAN P, 1981. Vulnerability, resilience and the collapse of society. a review of models and possible climatic applications [M] . Toronto, Canada: Institute for Environmental Studies, University of Toronto.

TURNER B L, KASPERSON R E, MATSON P A, et al. , 2003. A framework for vulnerability analysis in sustainability science [J] . Proceedings of the national academy of sciences, 100 (14): 8074-8079.

UDMALE P, ICHIKAWA Y, MANANDHAR S, et al. , 2014. Farmers' perception of drought impacts, local adaptation and administrative mitigation measures in Maharashtra State, India [J] . International Journal of Disaster Risk Reduction (10): 250-269.

UNDP, 2001. Developing an adaptation policy frame work for Climate Change [R].

UNEP, 2002. Global environment outlook 3-past, present and future perspectives [R].

UNDP, 2004. Reducing Disaster Risk: A Challenge for Development [R].

UNEP, 2012. PROVIA guidance on assessing vulnerability, impacts and adaptation (VIA), the programme of research on climate change vulnerability, impacts and adaptation (PROVIA) [R].

UNISDR (United Nations International Strategy for Disaster Reduction), 2004. Living with Risk [R] . A Global Review of Disaster Reduction Initiatives. United Nations, Geneva.

UNISDR, 2005. Building the resilience of nations and communities to disasters: Hyogo framework for action 2005—2015 [R].

VOGEL C, O'BRIEN K, 2004. Vulnerability and global environmental change: rhetoric and reality [J] . Aviso (13): 1-8.

WANG J, YANG Y, HUANG J, et al. , 2015. Information provision, policy support, and farmers' adaptive responses against drought: An empirical study in the North China Plain [J] . Ecological Modelling, 318: 275-282.

WANG Z Q, HE F, FANG W H, et al. , 2013. Assessment of physical vulnerability to agricultural drought in China [J] . Natural Hazard, 67 (2): 645-657.

WATTS M J, BOHLE H G, 1993. The space of vulnerability: the causal structure of hunger and famine [J] . Progress in Human Geography, 17 (1): 43-67.

WHEELER D, 2011. Quantifying vulnerability to climate change: implications for adaptation assistance [J] . Ssrn Electronic Journal.

WILHITE D A, 2000. Drought as a natural hazard: concepts and definitions [J] . Drought A

Global Assessment（1）：3-18.

WILLEM L, 2007. Climate change 2007：the physical science basis［J］. South African Geographical Journal, 92（1）：86-87.

WISNER B, BLAIKIE P, CANNON T, et al. , 2004. At risk：natural hazards, people's vulnerability and disasters［M］. London：Routledge.

World Bank, 2007. World development report 2008：agriculture for development［R］.

YIN Y Y, 2001. Flood management and sustainable development of water resources：the case of Great Lakes Basin［J］. Water International, 26（2）：197-205.

ZAHIR S, SARKER R, ALMAHMUD Z, 2014. An interactive decision support system for implementing sustainable relocation strategies for adaptation to climate change：a multi-objective optimisation approach［J］. Neurobiology of Learning & Memory, 110（2）：72-80.

第2章 雨养农业旱灾适应研究的理论与方法

2.1 干旱事件及旱灾形成过程

2.1.1 干旱事件及旱灾形成过程概述

旱灾是世界上广为分布的自然灾害，也是影响农业生产的主要灾害。旱灾具有多发性、渐进性、持续性、累积性等特征。虽然它不像地震、台风等突发性灾害，能够在短时间内造成巨大损失，但旱灾对农户的生活生产和国家粮食安全等都会产生影响。农业减产容易造成食物短缺，激化社会矛盾，影响社会稳定。同时，严重的旱灾还会对资源环境造成难以逆转的影响，使得水质恶化、土地退化甚至导致地面坍塌等。

在自然界中，气温、降水等因子不是恒定不变的，受大气环流和大洋环流的影响，不同地区不同季节都有很大的差异。从时间维度看，自然界的气象因子是在一个范围中波动的，而这种波动的频率范围是多变的。某些时候，气候的波动会出现异常，地区出现长期无雨或少雨的现象，则可能出现气象干旱。如图2.1中，①和②反映在自然孕灾环境中气候波动突变而出现自然干旱事件。气象干旱是农业干旱、水文干旱和社会经济干旱的基础。然而，图中的①和②又有不同。当干旱事件较为严重对人类社会系统产生影响并造成损失时，旱灾随之发生。因此，图中②处仅是单纯的干旱事件，而图中①处则是干旱事件引发形成旱灾。

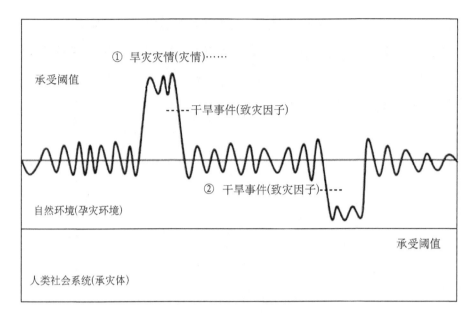

图 2.1 旱灾事件及旱灾形成过程

因此，旱灾与干旱不同，不是一种单纯的自然事件，而是在孕灾环境背景下，干旱事件作为致灾因子，人类社会系统作为承灾体的复杂灾害系统。通常情况下，某个区域在较长一段时间内由于降水减少等原因造成水资源短缺，自然干旱过程超过了人类社会承受的阈值，对人类生产生活系统造成影响，我们便认为旱灾发生。

2.1.2 农业旱灾灾害系统构建

自然灾害系统是由孕灾环境（E）、致灾因子（H）、承灾体（S）复合组成的结构体系（D），如图 2.2 所示（史培军，2002），即 $D = E \cap H \cap S$。其中，H 是灾害产生的充分条件，S 是放大或缩小灾害的必要条件，E 是影响 H 和 S 的背景条件。任何一个特定地区的灾害，都是孕灾环境、致灾因子和承灾体综合作用的结果。孕灾环境（E）包括自然环境与人文环境，其中自然环境中又可划分为大气圈、水圈、岩石圈、生物圈，而人文环境则可划分为人类圈与技术圈。孕灾环境具有地带性或非地带性，波动性与突变性，渐变性和趋向性的特点。致灾因子是对人类生命、财产或各种活动产生不利影响的各种异动因子，如暴雨洪涝、干旱、热带气旋、风暴潮等。按灾害的成因，致灾因子一般可以分为突发性致灾因子和渐发性致灾因子。而承灾体包括人类本身、生命线系统、各种建筑物及生产线系统，以及各种自然资源。总体上，致灾因子、孕灾环境及承灾体之间相互影响、相互制约，处于动态变化之中，共同决定着灾情的大小。

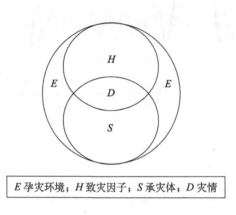

E 孕灾环境；H 致灾因子；S 承灾体；D 灾情

图 2.2　自然灾害系统

作为灾害系统的一种，农业旱灾系统也由孕灾环境子系统、致灾因子子系统、承灾体子系统三部分组成。对于农业旱灾而言，孕灾环境包括自然孕灾环境和人文孕灾环境。自然孕灾环境包括土地利用情况、植被条件、地形条件和水文条件；人文孕灾环境包括人口分布、经济条件、水利设施和抗灾能力等因素。农业旱灾致灾因子则包括气温条件、降水条件、平均风速和干旱持续时间等因素。承灾体决定了一次灾害造成损失和影响的大小，旱灾系统承灾体包括农作物和农户等。农业旱灾具有自然、社会和经济属性，因此农业旱灾系统内致灾因子、孕灾环境、承灾体相互影响、相互制约、相互作用，最终形成农业旱灾，对农户的正常生活和生产造成影响。

2.1.3　农业旱灾的影响与适应过程

2.1.3.1　农业旱灾的影响

由于农业旱灾具有渐发式、累进式灾害特征，气候环境的不断变化和人类的长期作用共同影响旱灾的形成, 可以说旱灾事件的发生是由自然和人为因素的共同作用造成的。图 2.3 反映了人类社会系统对旱灾过程的影响。

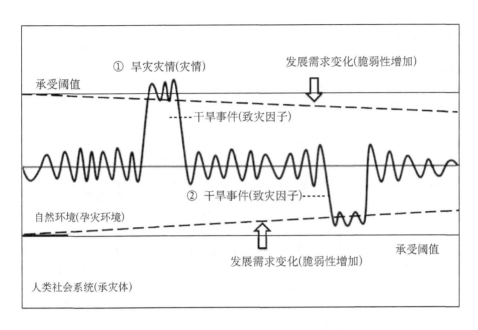

图 2.3　人类社会系统对旱灾过程的影响

工业化以来, 气候变暖趋势日益突出, 干旱事件也呈增加趋势。人口增加和快速城市化进程使得大量农业用地和生态用地被占用, 自然系统更加脆弱。人口的持续增加导致生活和生产用水不断增加, 一些地区对水资源过度利用, 造成当地水资源承受能力超载, 使得人类社会对干旱的抵御能力下降, 增加了旱灾发生的可能性。另一方面, 社会不断地进步, 人类的生活水平进一步提高, 对农产品的需求也在增加, 给农业的发展和自然环境带来更大的压力, 农业生产用水供给与农产品需求矛盾更加突出, 使得人类社会系统的旱灾脆弱性增加, 对气候环境变化的承受能力降低。以前一些相对干旱的地区由于没有人类居住或没有开垦为耕地, 即使气候发生较大的波动也不会对人类社会系统产生影响, 而当人类社会系统的脆弱性增加后, 相同条件的气候变化微动, 也会对人类社会系统带来影响, 引发旱灾, 如图 2.3 的②处。因此, 农业旱灾不仅仅与农业气候条件（气温、降水）有关, 还受土地利用方式、社会经济政策、人口数量等因素的影响, 随着人口、资源、环境和粮食等矛盾日趋复杂，农业旱灾问题更加突出。

2.1.3.2 农业旱灾适应过程

图2.4反映了适应对农业旱灾过程的作用，通过调整发展需求，降低承灾体脆弱性来适应气候环境，可以在一定程度上扩大人类社会系统的承受阈值，更好地实现与旱灾风险共存的生活生产状态。

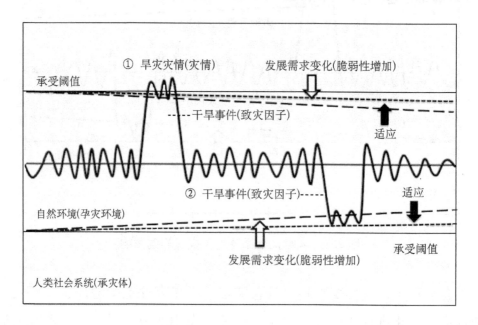

图2.4 适应对农业旱灾过程的作用

适应是降低系统脆弱性、减轻灾害影响的重要途径。人类生存在自然环境中，人类的文化及生活习惯都要依托自然条件资源的承载水平。但人口不断增长、城市化进程加快带来的压力使各种人均可利用资源减少，森林、草地、湿地、淡水、土壤等资源环境被过度利用。人类在自身追求发展的同时，大规模地改造着地表环境，人地矛盾日益突出。大量温室气体的排放使全球气候发生变化，农业旱灾致灾因子的强度、频率及影响范围增大；土地退化及土地生产力下降，农业旱灾孕灾环境稳定性也在下降，农户为了追求更多的经济收益，放弃一些价格较低的粮食作物种植，而大规模地种植商品化的经济作物，使得种植结构单一化，农业旱灾承灾体的脆弱性增加。农业旱灾的发生与损失是社会经济系统与农业旱灾系统相互作用的结果，要减轻灾害的影响就需要主动协调这两方面的关系，通过调整人类自身的行为、改变土地利用方式、修建蓄水引水设施改变农业旱灾发生和形成的条件，通过适应达到与灾害共处、人地协调的目的。

2.2　农业旱灾适应的理论构建

2.2.1　农业旱灾适应的概念模型

农业旱灾具有的渐发式、累进式的灾害特征，自然条件和人类活动是旱灾形成过程中重要的影响因素，旱灾的形成发展是由自然和人为因素的共同作用构成的。因此农业旱灾的适应措施与环境变化和发展需求息息相关，如图 2.5 展示了农业旱灾适应的概念模型，环境变化、发展需求与适应措施三者共同决定了区域的适应能力和水平。随着全球气候持续变暖与极端天气事件的频繁发生，环境变化的波动性、趋势性和突变性更加明显，农业旱灾风

图 2.5　农业旱灾适应的概念模型

险和粮食安全的不确定性随之增加。同时，区域人口的大量增加和社会经济的快速发展一方面极大地增加了承灾体的暴露性，另一方面也对粮食产量的稳定性、高产性也提出了更高的要求。发展需求的满足与环境变化的应对加剧了农业生产与气候变化间的矛盾，迫使人们不得不寻求更好的农业旱灾适应方式及措施。长期以来，为了更好地应对气候环境变化，降低农业旱灾风险，政府和农户积极地采取适应性措施。国家及地方政府通过实施相应的政策支持手段，如生态保护、兴修水利设施等方式来提高区域的抗旱能力，农户则主动或被动地种植抗旱作物、购买旱灾保险、调节农业生产方式，降低风险提高适应能力。

2.2.1.1 环境变化的特征

环境通常是指相对于人类这个主体而言的一切自然环境要素的总和。按环境的属性，可将环境分为自然环境和人文环境。自然环境是作物存在的客观条件，作物生长在自然环境之中，通过不断同化环境资源而完成生长发育过程，最终形成粮食产品。作物生长需要环境中的光、温度、水分、二氧化碳、无机盐等要素，各个要素相互联系，综合影响作物的生长和发育。自然环境的各要素中气候的变化最为显著，IPCC报告显示全球气候变暖的趋势基本是确定的，气候要素的波动性、趋势性和突变性也更加明显，农业旱灾的致灾强度明显增强。在人文环境中，社会经济的发展和人口的增加导致了大量自然资源的开发利用，打破了自然界的稳态。人类改造自然环境的消极影响，干扰和破坏了作物与农户的生长环境，降低了旱灾孕灾环境的稳定性。同时，人类社会的不断进步也使人文环境日益复杂，承灾体的暴露性和脆弱性随之增加。自然因素和人类活动的双重作用，对农业旱灾承灾体农作物、农户以及政府都产生较大影响，客观上增加了农业旱灾的风险。

2.2.1.2 发展需求的驱动

发展需求是社会不断进步下人类想要获得更好的物质条件和精神追求的一种需要。对于农户而言，发展需求是想获得更高、更稳定的粮食产量和家庭收入。对于政府和地区，则是追求经济、社会等方面的全面进步。在发展需求的驱动下，人类不断地改造自然环境，开发利用自然资源。环境变化增加了农作物产量的不确定性，政府和农户为了满足生产和发展的需求，需减轻干旱灾害的影响，不断采取措施适应环境变化。但过度的发展需求一方面增加了碳的排放，加剧温室效应和气候变化；另一方面，快速的城市化和人口增长造成生态环境破坏，土地承载力超载，一些环境资源面临枯竭。发展需求的大小影响着环境变化的速度和方向，同时导致人类适应行为的产生。区域为了实现长期可持续发展，降低农业旱灾风险，需要适当限制发展需求，使经济社会的发展需求与环境的可持续发展相协调。

2.2.1.3 适应措施的选择

适应是人类系统对环境变化及其影响进行调整的过程，以缓解各种危害和不利影响。适应能力是指一个系统、地区或社会适应气候变化影响，减轻潜在损失或利用机会的能力。在农业旱灾的适应进程中，政府和农户采取适应措施降低自身和农作物的暴露度和脆弱性，减少气候变化和极端天气事件对农业生产发展的影响。农户通过购买农业保险、选用抗旱的农业新品种、修建水窖和灌溉设备、提高农业生产技术等方式保证农业生产的投入和产量。政府则是采取退耕还林、涵养水源、改善土地资源、限制人口增长等措施。但在许多较落后的地区，很多农户是在灾后进行补救，或者认为旱灾是既定事实而不愿采取行动，消极、被动地应对农业旱灾。主动、积极的政府适应政策和农户适应方式是减轻气候变化不利影响和提高区域适应能力有效的途径。合理的适应措施能够调整发展需求，调节环境变化，从而协调需求与环境的关系，降低农业旱灾风险。

2.2.2 农业旱灾适应的理论体系构建

农业旱灾风险（R）的大小，是环境（E）、需求（D）和适应（A）三者共同相互作用的结果，是农业旱灾致灾因子发生的可能性及其造成的损失。其中，环境（E）是影响需求（D）和适应（A）变化的背景条件，包括自然环境和人文环境；需求（D）是指人类的发展需求，即人类经济、社会、文化等方面的需求；适应（A）是人类系统为了应对环境变化、满足人类需求而采取的一系列措施和行动。

环境的变化使农业旱灾风险增加，而社会的稳步发展需要较低的农业旱灾风险状态，适应的产生便是源于发展的需求。然而人口的快速增长和社会飞速发展的过度需求，使得自然界自身的调节反应，如旱灾等自然灾害、气候变化可能发生的频率增加。自然界对人类社会的不利反馈同时也制约着发展需求的变化，使人类的发展需求必须控制在资源和环境的承载力之内。政府和农户采取的合理适应措施能够不断协调环境变化和发展需求，提高地区农业旱灾综合适应能力，降低农业旱灾风险。图2.6展示了在全球气候变化的背景下，环境变化、发展需求和适应措施三者相互作用的农业旱灾适应机制。

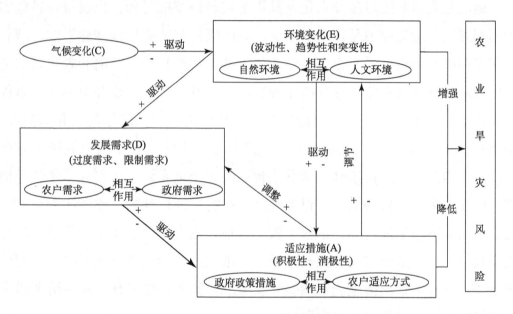

图2.6 农业旱灾适应机制

在空间维度上，环境变化、发展需求与适应措施相互作用，共同影响着农业旱灾的风险大小；在时间维度上，环境自身在不断演变，发展需求也随着人类社会的变化在不断改变，某一状态下的环境情况与发展需求共同驱动着政府及农户适应措施的选取与实施，而这些适应措施反过来也会调节和影响着下一时期的环境与发展需求变化。对于农业旱灾区域系统，环境变化、发展需求与适应措施三者在时空维度上不断相互作用，形成如图2.7所示的

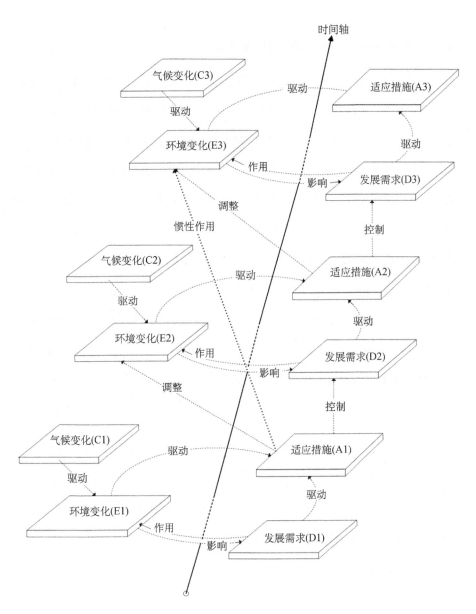

图 2.7　环境变化、发展需求和适应措施三者之间的平衡过程

动态平衡过程。某一时刻采取的适应措施不仅对下一个状态产生影响，有时会由于惯性作用对更长远的时期产生影响。因此当用户与政府采取适应措施时，不能仅仅考虑眼前的状态被动地适应旱灾环境，要从长远的角度分析适应措施与策略可能带来的影响，从而选择最优的方式进行主动适应，进而不

断降低农业旱灾的风险。

2.2.3 农业旱灾适应的研究框架

作为全球变化研究的核心概念，适应性是当今减灾与可持续发展领域研究的重点。围绕适应对象、适应评价、适应模式、适应策略等方面，可从微观、中观、宏观不同尺度对为什么要适应、如何更好适应等问题进行研究。具体可以从适应主体—适应评价—适应能力提高，区域系统—实证研究—适应模式选择，系统反馈—对策分析—适应策略优化三个方面来研究区域的农业旱灾适应问题。

2.2.3.1 适应主体—适应评价—适应能力提高

学者 Bossel 将全球变化背景下的适应主体定义为人类生态系统，包括自然系统、支撑系统和人文系统（1999）。其中，自然系统是指与人类密切相关的环境和资源系统，支撑系统是指经济子系统与基础设施基础系统，而人文系统包括政府子系统、个体发展子系统和社会子系统。对于农业旱灾适应而言，自然系统包括与农业生产相关的土壤资源、水资源以及各种农作物等；支撑系统和人文系统主要包括地区的农业经济发展、水利设施和抗旱设施、农户自身与地方政府等。适应主体的敏感性、脆弱性、暴露性和恢复性等特性影响着其对农业旱灾的应对能力，通过构建指标对这些适应主体的适应能力进行评价，更好地了解地区的适应能力水平以及目前适应中的不足，可以有针对性地进一步提高区域的适应能力。

2.2.3.2 区域系统—实证研究—适应模式选择

适应是应对变化的一种过程，只要是对人类会产生影响的变化，人类都会对此做出反应。在长期以来与农业旱灾的对抗中，人们也一直在主动或被动地适应环境，通过调整承灾体的结构和行为，更好地适应农业旱灾。区域系统—实证研究—适应模式选择的研究途径主要是通过对研究区的农业旱灾系统特征和人文环境特征进行分析，实地调查当地农户、政府社会的适应措施，总结凝练出当时的农业旱灾适应模式。国内学者张建松等通过对内蒙古农牧交错带地区进行实证研究发现，当地的农业旱灾适应模式主要包括"因地制宜"的空间适应模式、"减轻风险"的时间适应模式和"风险共担"的社会适应模式（2011）。

2.2.3.3 系统反馈—对策分析—适应策略优化

长期以来，人类自发地在对自然环境进行适应，一方面人为地对自然环境进行改造，培育抗干旱、抗高温的物种；另一方面通过不断调整自身行为，改进科学技术，从而减轻人类活动对环境的影响。在区域、国家、地区等不同尺度，人类在不断地制定长期或短期的适应策略以增强人类的社会经济活动能力，降低脆弱性。由于环境的变化具有不确定性，各种适应措施和适应措施的有效性很难保证，并且不同的适应策略往往各有优劣，因此需要对各项适应对策的效果进行预评估，在对策实施中不断地进行反馈，以了解适应对策的实施情况以及当前对策中的不足，修正和优化当前的适应对策。适应对策的分析评价往往基于两个方面，一方面建立模型对环境变化和气候变化参数进行模拟，评价不同环境变化情景对人类社会系统可能造成的影响，提出相应的适应对策；另一方面是对各种适应对策进行筛选，通过专家诊断对每个适应政策赋值，评价其费用效益，从而选择最优的适应方案。

2.3 农业旱灾适应性研究评价方法

2.3.1 农业旱灾适应性评价指标构建思路

干旱是一种渐进性的自然灾害，在自然、社会环境以及经济发展的综合作用下发展而成，在时空分布上具有普遍性。适应则是一种动态的发展过程，人类行为在干旱致灾减灾的过程中随自然环境的变化而改变，采取的适应措施多变且多样。灾害发生过程分为灾前、灾中、灾后三个阶段，由于不同阶段造成的灾害影响有所不同，因此通过"灾前规避风险—灾中降低风险—灾后转移风险"进行农业旱灾适应性评价。从系统性、过程性两个方面研究农业旱灾适应性，同时考虑农业生产、生活系统的差异，可对不同发展阶段进行过程性评价，构建如表 2.1 所示的农业旱灾适应性综合评价指标体系。

表 2.1　基于灾害发生过程建立的农业旱灾适应性综合评价指标体系

一级指标	二级指标	单位
灾害发生前	人均耕地面积	km²/人
	灌溉指数	—
	抗旱作物比重	—
	…	
灾害发生中	农作物减产量	kg
	抗旱支出比例	—
	农业劳动力比重	—
	…	
灾害发生后	购买保险比例	—
	调整种植时间	天
	退耕还林面积	km²
	…	

区域灾害系统中，承灾体是人类及其活动组成的社会系统，孕灾环境以及致灾因子的变化可能导致社会系统的变化（Burton et al.，1978）。农业旱灾的适应是农业旱灾系统面对旱灾时的一种主观能动性系统，因此也可从旱灾系统中孕灾环境子系统、致灾因子子系统和承灾体子系统的角度构建旱灾适应性评价指标体系，见表 2.2。

农业旱灾的适应是在长期的环境变化中，农户、政府及区域面对自然灾害风险采取的应对策略，比如规避风险、转移风险、自我调整等措施（尹衍雨等，2012）。适应性的核心也是承灾体应对灾害的主观能动性，因此也可以从旱灾的三个主要承灾体农作物、农户和区域出发，建立农业旱灾适应性的评价指标体系（表 2.3）。

表 2.2　基于旱灾系统建立的农业旱灾适应性评价指标体系

一级指标	二级指标	单位
孕灾环境	人均用水量	t/人
	农业用地比例	—
	退耕还林面积	km²
	…	
致灾因子	年均降水量	mm
	年均温度	℃
	干燥度	—
	…	
承灾体	抗旱作物比例	—
	农业收入比例	—
	购买保险比例	—
	…	

表 2.3　基于旱灾承灾体建立的农业旱灾适应性评价指标体系

一级指标	二级指标	单位
农作物	抗旱作物比例	—
	农作物水分指数	—
	化肥使用强度	—
	…	
农户	人均耕地面积	km²/人
	人均用水量	t/人
	农业收入比例	—
	…	
区域	抗旱作物比例	—
	退耕还林面积	km²
	小型水利设施覆盖比例	—
	…	

2.3.2 农业旱灾适应性研究数据库

数据是旱灾适应性评价和研究的基础，在评估之前需要建立农业旱灾适应性研究数据库（图2.8）。旱灾适应性评价指标所需的数据主要包括自然环境数据和社会经济数据。自然环境数据如温度、降水等气象数据可通过中国气象局、基础地理数据库等网站下载获取，土地利用结构数据可通过遥感卫星获

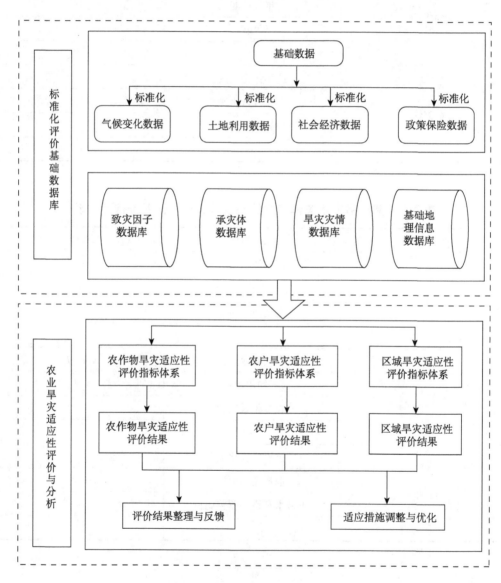

图2.8　农业旱灾适应性研究数据库系统

取；人口比例、收入情况、粮食产量、人均用水等数据可通过地区社会经济统计年鉴获得；政府补贴、灾害保险、化肥投入、种植结构等数据可通过实地的走访调查获取。通过整合各类业务数据、历史灾情数据、多源遥感数据等信息，形成包括旱灾致灾因子数据库、承灾体数据库、旱灾灾情数据库和基础地理信息数据库在内的基础数据库。一方面可以通过遥感手段对旱灾灾情进行实时监测，同时也为旱灾综合风险分析、适应性评价提供数据基础。

2.3.3 农业旱灾适应性研究评价算法

层次分析法和投影寻踪法是农业旱灾适应性体评价中的两种常用算法，本书第 3 章和第 4 章分别利用层次分析法和投影寻踪法对中国北方典型雨养农业区——山西大同和南方典型雨养农业区——云南施甸的农业旱灾适应性进行评价。

2.3.3.1 层次分析法

层次分析法（AHP）是在 20 世纪 70 年代中期由美国运筹学家托马斯·塞蒂（T. L. Saaty）正式提出（1977）。层次分析法将与决策有关的元素分解成目标、准则、方案等层次，在此基础之上进行定性和定量分析，是一种定性和定量相结合的、系统化、层次化的分析方法。层次分析法基本步骤如下：

（1）建立层次结构模型

在深入分析实际问题的基础上，将有关的各个因素按照不同属性自上而下地分解成若干层次，同一层的诸因素从属于上一层的因素或对上层因素有影响，同时又支配下一层的因素或受到下层因素的作用。最上层为目标层，通常只有 1 个因素，最下层通常为方案或对象层，中间可以有一个或几个层次，通常为准则或指标层。当准则过多时（如多于 9 个）应进一步分解出子准则层。

（2）构造成对比较阵

从层次结构模型的第 2 层开始，对从属于（或影响）上一层每个因素的同一层诸因素，用成对比较法和 1~9 比较尺度构造成对比较阵，直到最下层

（表2.4）。

表2.4　因素相对重要性程度比例标度表

因素比因素	量化值
同等重要	1
稍微重要	3
较强重要	5
强烈重要	7
极端重要	9
两相邻判断的中间值	2，4，6，8

对农业旱灾适应性而言，其层次结构主要由旱灾适应性的组成要素所形成。假设某项组成要素 X，其影响指标有 x_1，x_2，x_3，x_4。可对比两两指标之间的相对重要程度（采用九标度打分：前一项指标与后一项相比"极重要"为9，"极不重要"为1/9，"相同重要"为1，若为其他重要性取中间值），构造要素 X 的比较判断矩阵。例如指标 x_1 与 x_3 相比为"重要"，打分为5，则要素 X 的比较判断矩阵中第1行第3列元素 $a_{13}=5$。根据比较判断矩阵，可以推出要素 X 的各项影响指标 x_i 的权重 w_i

$$M_i = \left(\prod_{i=1}^{n} a_{ij} \right)^{\frac{1}{n}} \tag{2.1}$$

$$W_i = \frac{M_i}{\sum_{i=1}^{n} M_i} \tag{2.2}$$

其中，a_{ij} 为比较判断矩阵第 i 行第 j 列的元素，n 为比较判断矩阵维数，M_i 为 i 行元素的几何平均值。

（3）计算权向量并做一致性检验

对于每一个成对比较阵计算最大特征根及对应特征向量，利用一致性指标、随机一致性指标和一致性比率做一致性检验。若检验通过，特征向量（归一化后）即为权向量；若不通过，需重新构造成对比较阵。

（4）计算组合权向量并做组合一致性检验

计算最下层对目标的组合权向量，并根据公式做组合一致性检验，若检验通过，则可按照组合权向量表示的结果进行决策，否则需要重新考虑模型或重新构造那些一致性比率较大的成对比较阵。

总体而言，层次分析法是一种系统性的分析方法，每个层次中的因素对结果的影响经过量化，比较清晰明确。它是一种定性与定量相结合的方法，使复杂的系统得以分解。将多目标、多准则、难量化的问题转化为多层次单目标的问题，使问题得以简化，计算过程简单明了，决策者易于掌握和使用。但层次分析法的主观性较强，在分析时定量数据较少，定性成分多。当评价指标较多时，判别矩阵的计算十分复杂，特征根求解和一致性检验过程烦琐，权重难以确定。

2.3.3.2 投影寻踪法

（1）普通投影寻踪法

投影寻踪是处理高维数据，尤其是高维非正态数据的一类统计方法，其基本思想是将高维数据投影到低维（一般 1 ~ 3 维）子空间里，从而寻找能够反映原来数据的结构或特征的投影，以达到研究和分析高维数据的目的。1974 年，美国斯坦福大学的 Friedman 和 Tukey 首次将该方法命名为 projection pursuit，即投影寻踪（1974）。在农业旱灾适应性的评价中引入投影寻踪评价模型（projection pursuit evaluation model，简称 PPE 模型）可以有效解决多指标综合评价问题，还可以合理评价各种指标对农业旱灾适应性的影响程度，具有研究的现实意义。

投影寻踪评价模型（PPE）建模步骤如下。

①评价指标的标准化

设第 i 个样本第 j 个指标为 $x^*(ij)$（$i = 1, 2, \cdots, n; j = 1, 2, \cdots, m$），$n$ 为样本个数，m 为指标个数，由于各指标的量纲不尽相同或者数值范围相差较大。因此，在建模之前需要对数据进行归一化处理，数据处理公式如下：

$$x(i,j) = \frac{x^*(ij) - x_{\min}(j)}{x_{\max}(j) - x_{\min}(j)} \tag{2.3}$$

$$x(i,j) = \frac{x_{\max}(j) - x^*(ij)}{x_{\max}(j) - x_{\min}(j)} \tag{2.4}$$

其中，正向影响指标的标准化选用式（2.3），负向影响指标选用（2.4）。式中：$x_{\max}(j)$和$x_{\min}(j)$分别为第j个指标的初始最大值和最小值；$x(i,j)$为指标特征值的标准化值。

②线性投影

所谓投影实质上就是从不同的角度去观察数据，寻找最能充分挖掘数据特征的最优投影方向。可在单位超球面中随机抽取若干个初始投影方向$\alpha = (\alpha_1, \alpha_2, \cdots, \alpha_m)$，计算其投影指标的大小，根据指标选大的原则，最后确定最大指标对应的解为最优投影方向。

设$\alpha = (\alpha_1, \alpha_2, \cdots, \alpha_m)$为$m$维单位向量，也即为各指标在各投影方向上的方向向量，则第i个样本在一维线性空间的投影特征值$z(i)$的表达式为：

$$z(i) = \sum_{j=1}^{m} \alpha_j x_{ij} \quad (i = 1,2,\cdots,n) \tag{2.5}$$

③构造目标函数

在综合投影指标值时，要求投影值$z(i)$的散布特征为局部投影点尽可能密集，最好凝聚成若干个点团，而在整体上投影点团之间尽可能分散开来。

为了将样本间的干旱脆弱性程度区分开，可以用分类指标作为目标函数：

$$Q(a) = S_z D_z \tag{2.6}$$

式中：S_z 为样本投影值的标准差；D_z 为投影值的局部密度。

类间距离用样本序列的投影特征值方差计算：

$$S_z = \sqrt{\frac{\sum_{i=1}^{n}(z_{(i)} - \bar{z})^2}{n-1}} \tag{2.7}$$

其中，$\bar{z}$ 为序列 $\{z(i) \mid i = 1, 2, \cdots, n\}$ 的均值，S_z 值愈大，散布愈开。

设投影特征值间的距离 $\gamma_{ij} = |z_i - z_k|$ $(i, k = 1, 2, \cdots, n)$，则 $d(\alpha)$ $= \sum_{i=1}^{n}\sum_{k=1}^{n}(R - r_{ik})f(R - r_{ik})$，$f(t)$ 为一阶单位阶跃函数，$t \geq 0$ 时，其值为 1；$t < 0$ 时，其值为 0。在此 $f(R - \gamma_{ik}) = \begin{cases} 1, & R \geq \gamma_{ik} \\ D, & R < \gamma_{ik} \end{cases}$，$R$ 为估计局部散点密度的窗宽参数，按宽度内至少包括一个散点的原则进行选定，其取值与样本数据的结构相关，可基本确定其合理取值的范围为 $\gamma_{max} < R \leq 2m$，其中，类内密度 $d(\alpha)$ 愈大，分类愈显著。

④优化最优投影

当评价指标的样本值给定时，投影指标函数只随投影方向 α 的变化而变化。不同的投影方向反映不同的数据结构特征，最佳投影方向就是最大可能暴露高维数据某类特征结构的投影方向。

因此，可通过求解投影指标函数最大化问题来估计最佳投影方向，即：

目标函数：

$$\max Q(\alpha) = S_z D_z \tag{2.8}$$

约束条件：

$$\alpha = \sum_{j=1}^{m}\alpha^2(j) = 1 \tag{2.9}$$

这是以 α_j 为优化变量为目的的复杂非线性优化问题，如果使用传统的优化方法进行处理较难实现。因此，本书应用模拟生物优胜劣汰与群体内部染色体信息交换机制的基于实数编码的加速遗传算法（RAGA）来解决高维全局寻优的问题。

（2）基于实数编码的加速遗传算法（RAGA）

遗传算法是由美国密执安大学的 Holland 教授提出的，是模拟生物在自然环境中的遗传和进化过程而形成的一种自适应全局优化概率搜索算法。主要包括选择（selection）、交叉（crossover）和变异（mutation）等操作。例如求解以下最优化问题，其中目标函数为 max：$f(x)$，约束条件为 $a_j \leqslant x_j \leqslant b_j$，具体步骤如下：

①在各个决策变量的取值变化区间随机生成 N 组均匀分布的随机变量。

②计算目标函数值，并从大到小排列。

③计算基于序的评价函数（用 eval（V）表示）。

④进行选择操作，产生新的种群。

⑤对步骤④产生的新种群进行交叉操作。

⑥对步骤⑤产生的新种群进行变异操作。

⑦进化迭代。

⑧上述 7 个步骤构成标准遗传算法（SGA）。由于 SGA 不能保证全局收敛性，在实际应用中常出现在远离全局最优点的地方 SGA 即停滞寻优工作。为此，可采用第一次、第二次进化迭代产生的优秀个体的变量变化区间作为新的变量初始变化区间，算法进入步骤⑧，重新运行 SGA，形成加速运行，则优秀个体区间将逐渐缩小，与最优点的距离越来越近。直到最优个体的优化准则函数值小于某一设定值或算法运行达到预定加速次数，结束整个算法运行。

此时，将当前群体中的最佳个体指定为 RAGA 的结果。上述的 8 个步骤就构成了基于实数编码的加速遗传算法（RAGA）。

（3）基于 RAGA 的 PPE 模型分类评价

将 PPE 模型中投影指标函数求最大值作为目标函数，各个指标的投影作为优化变量，运行 RAGA 的上述步骤，便可求得最佳投影方向及相应的投影值，从而求得分类结果。同时将适应性等级评价标准按照上述步骤建立 PPE 模型，并得出最佳投影方向下的投影值 $Z(i)$，比较 $z(i)$ 与 $Z(i)$ 之间的距离，距离最近的即为样本的归属等级。基于实码的加速遗传算法与投影寻踪相结合，解决了高维数据全局寻优的难题，大大减少了寻优工作量，使 PPE 模型能够得到更为广泛的应用。

2.3.4 农业旱灾适应性研究的实证分析方法

实证分析法是认识客观现象，向人们提供实在、有用、确定、精确的知识研究方法，其重点是研究现象本身"是什么"的问题。实证研究法试图超越或排斥价值判断，只揭示客观现象的内在构成因素及因素的普遍联系，归纳概括现象的本质及其运行规律。实证性研究是通过对研究对象大量的观察、实验和调查，获取客观材料，从个别到一般，归纳出事物的本质属性和发展规律的一种研究方法。实证研究方法包括观察法、谈话法、测试法、个案法、实验法。研究者直接观察他人的行为，并把观察结果按时间顺序系统地记录下来，这种研究方法就叫观察法。研究者通过与对象面对面的交谈，在口头信息沟通的过程中了解对象心理状态的方法就是谈话法。测试法通过各种标准化的心理测量表对被试者进行测验，以评定和了解被试者心理特点的方法。个案法是对某一个体、群体或组织在较长时间里连续进行调查、了解、收集全面的资料，从而研究其心理发展变化的全过程。而实验法是研究者在严密控制的环境条件下有目的地给被试者一定的刺激以引发其某种心理反应，并加以研究的方法。

总体而言，实证研究是提出理论假设或检验理论假设而展开的研究。实证研究方法有狭义和广义之分。狭义的实证研究方法是指利用数量分析技术，分析和确定有关因素间相互作用方式和数量关系的研究方法。狭义实证研究方法研究的是复杂环境下事物间的相互联系方式，要求研究结论具有一定程度的广泛性。广义的实证研究方法以实践为研究起点，认为经验是科学的基础。广义实证研究方法泛指所有经验性研究方法，如调查研究法，实地研究法，统计分析法等。

实证研究的第一步是提出一个待解决的问题，然后研究者可基于先验知识对这个问题提出自己的猜想和理论假说。第二步则是设计调查研究的方案，包括主要的调查内容、数据收集的方式、研究路线的设计等。第三步则是基于研究方案前往实地进行数据收集、观察分析、调查研究，从而验证或推翻之前的猜想，并得出新的结论。图 2.9 是开展实证研究的一般技术路线。

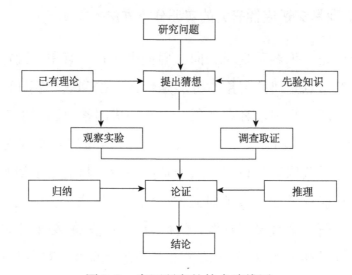

图 2.9 实证研究的技术路线图

对农业旱灾适应性的评价和适应策略分析，都需要基于经验的实证研究，因此研究案例的选择十分重要。我国农牧交错带是农业种植区与草原畜牧区相连接的生态过渡地带，地区的降水、气温、人类活动等因素变异巨大，加上复杂的地形情况，该地区的生态具有很大的变异性与波动性，被赵松乔称为"生态脆弱带"（1953），出现了风沙天气增多、植被发育差、干旱严重等生态问题，其中雨养农业干旱是影响我国农牧交错带最主要的灾害。

为了深入探究我国雨养农业区的农业旱灾适应情况，本书后两章选取北方典型雨养农业区——山西大同和南方典型雨养农业区——云南施甸作为研究案例区域，分析气候条件、自然环境、社会经济差异下两地区的适应能力、适应措施的差异，为我国其他雨养农业区域农业旱灾的适应性研究提供参考。

2.4 本章小结

本章详细阐述了对干旱事件及旱灾形成过程的理解，并分析了农业旱灾的影响及适应过程；在对此基础上构建了农业旱灾适应的概念模型、理论体系及研究框架，建立了环境变化—发展需求—适应措施相互动态驱动与调整的研究思路；同时，提出了适应性评价与实证研究相结合的农业旱灾适应研究评价方法体系。在本章确立的农业旱灾适应研究的概念模型、理论框架、研究思路及研究方法的基础上，选取我国雨养农业典型区山西省大同县和云南省施甸县为研究区进行实践，将在第 3 章和第 4 章中详细论述。

参考文献

史培军，2002. 再论灾害研究的理论与实践 ［J］. 自然灾害学报，11（3）：6-17.

尹衍雨，王静爱，雷永登，等，2012. 适应自然灾害的研究方法进展 ［J］. 地理科学进展，31（7）：953-962.

张建松，王静爱，李睿，等，2011. 农牧交错带农业旱灾适应模式与区域可持续发展——以内蒙古兴和县为例 ［J］. 灾害学，26（2）：91-95.

赵松乔，1953. 察北、察盟及锡盟一个农牧过渡地区经济地理调查 ［J］. 地理学报，26（1）：43-60.

BOSSEL H，1999. Indicators for sustainable development：theory，method，applications ［C］//Manitoba：Canada 7# International Institute for Sustainable Development.

BURTON I，KATES R W，WHITE G F，1978. The Environment as Hazard ［M］. New York：Oxford University Press.

FRIEDMAN J H，TUKEY J W，1974. A projection pursuit algorithm for exploratory data analysis ［J］. IEEE Transactions on Computers，23（9）：881-890.

SAATY T L，1977. A scaling method for priorities in hierarchical structures ［J］. Journal of Mathematical Psychology，15（3）：234-281.

第3章 山西省大同县农业旱灾适应性研究

3.1 大同县农业旱灾孕灾环境分析

3.1.1 大同县基本概况

大同县位于山西省北部大同盆地东北边（图3.1），东经113°20′至113°55′，北纬39°43′到39°16′之间。气候属温带大陆性气候，年平均气温6.4 ℃，年平均降雨量386.8 mm，无霜期为125天左右。大同县地形呈南北高、中间低走势，主要有采凉山系、六棱山系和东部火山群，平均海拔1157 m。境内有桑干河、六棱山两处地质断裂带，是一个地震多发区。永定河支流桑干河由西向东贯穿县境南部，册田水库居于境内，御河由北向南镶嵌在县境西边。大同县平均海拔1040 m，土壤以灰黄色亚黏土、栗钙土、亚砂土等为主。2013年，大同县总人口为189256人，自然增长率6.12‰，大同县人口以汉族为主，有满族、藏族、维吾尔族、壮族、回族、蒙古族等少数民族。2013年，全县农作物播种面积为43031 hm²，其中粮食作物播种面积为36706 hm²，经济作物播种面积为6325 hm²。

影响大同县内农业生产的自然灾害有干旱、低温、霜冻、冰雹等，其中以农业旱灾为主。该县一直都有"十年九旱"之称，旱灾已成为该地区粮食生产可持续发展的重要制约因素之一。因此，研究当地农户对旱灾风险的适应能力，并找出恰当的适应方法和决策，对于当地农业的可持续发展具有重大意义。

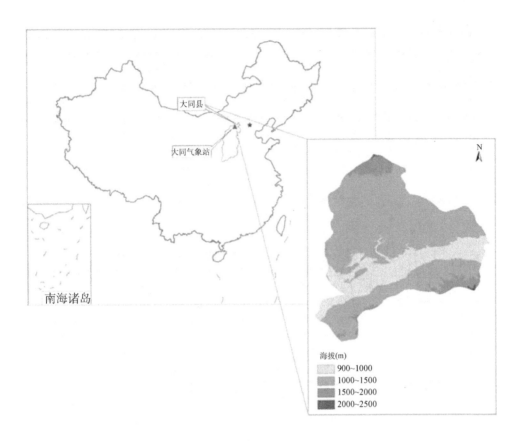

图 3.1   山西省大同县位置与海拔

3.1.2   大同县自然孕灾环境分析

大同县属温带季风型大陆性气候带，春季风大干燥，夏季降雨集中，秋季温差大，冬季寒冷少雪。年平均气温 6.4 ℃，年活动积温 2846.5 ℃，年平均降雨量 389 mm，年平均无霜期 125 天，年平均大风日 34 天、平均风速 3.0 m/s。干旱、冰雹、冻害等灾害性天气出现频繁。本节对大同县自然孕灾环境中的降水和温度特征进行分析，探究这两项指标的变化情况。

3.1.2.1   降水特征

1960—2014 年，大同县的年降水量呈现波动中略增加的趋势（图 3.2）。20 世纪 60 年代到 70 年代，年降水量平均下降了 10 mm；70 年代到 90 年代，年均降水量有所增加，由 340 mm 左右增加到近 390 mm；而 90 年代至 21 世纪，大同县的年降水量不断减少，已达到 50 多年来的最低水平 320 mm 左右，2010 年后又有所增加。60 年代，大同县的年降水量波动十分剧烈，最高时 1967 年曾达到 559.8 mm，而最低时 1965 年仅为 190.7 mm；70 年代与 80 年代，降水量变化比较平稳，维持在 350 mm 左右；90 年代及其以后，降水量年际波动增加。

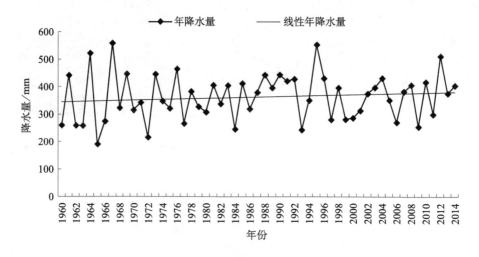

图 3.2　大同县年降水量变化（1960—2014 年）

　　图 3.3 和图 3.4 分别是 1995—2014 年大同县四季降水量和降水天数变化图。大同县夏季多雨，降水月份主要集中在 6—9 月，冬季降水很少。大同县夏季降水天数一般是 25～35 天，年际降水量变化明显，波动幅度为 100～350 mm。1995—1999 年，大同县夏季降水量不断减少，从 350 mm 下降到130 mm；2000—2010 年，夏季降水量在 200 mm 左右波动；2010—2014 年，夏季降水量陡然增加。大同县秋季的降水情况略高于春季，平均降水天数为20 天，季平均降水量为 94 mm；而春季的平均降水天数为 20 天，季平均降水量为 63 mm。大同县冬季十分少雨，平均降水天数仅为 6 天，而季平均降水量也仅为 6 mm 左右。

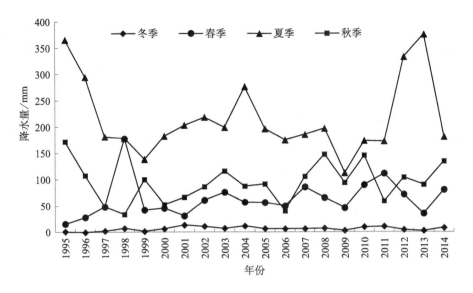

图 3.3　大同县四季降水量变化（1995—2014 年）

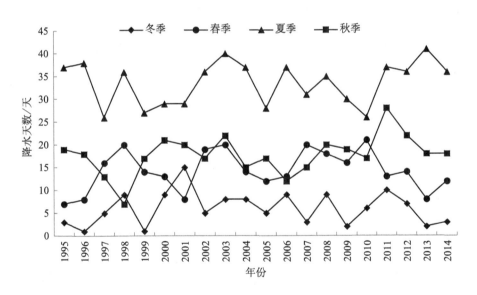

图 3.4　大同县四季降水天数的变化（1995—2014 年）

总体而言，1995—2014 年大同县的降水呈现波动中缓慢上升的趋势，大同县年际降水波动明显，降水年内主要集中在 6—10 月，而夏季降水量的年际波动最大。

3.1.2.2　气温特征

图 3.5 是大同县 1960—2014 年的年均气温变化。从图中可以看到，20

世纪 60 年代以来，大同县的年均温总体上不断上升；60 年代到 80 年代增加比较缓慢，由 6.59 ℃ 增加到 6.73 ℃，而 80 年代到 2000 年，大同县年均气温陡增，由 6.73 ℃ 增加到 7.81 ℃，增加了 1.1 ℃。21 世纪 00 年代到 10 年代，大同县年均气温略有下降，10 年代年均气温为 7.54 ℃。从逐年的气温变化情况看，每年平均气温在波动中上升，其中 1967 年的年均气温最低，为 5.74 ℃，而 1999 年的年均气温最高，为 8.84 ℃。图 3.6 是 1995—2014 年大同县四季年均气温变化情况。从图中可以看到，大同县四季温差大，夏季比

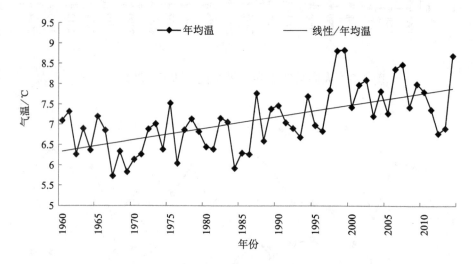

图 3.5　大同县年均气温变化（1960—2014 年）

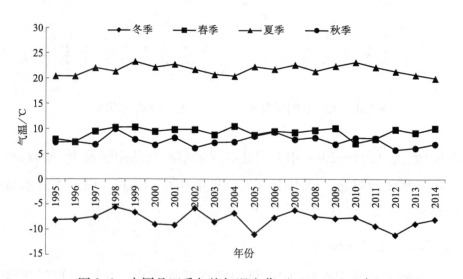

图 3.6　大同县四季年均气温变化（1995—2014 年）

较炎热，季均温为 21.68 ℃；冬季寒冷，季均温仅为 −7.94 ℃；春季和秋季气温比较相近，春季略高，均温为 9.28 ℃，而秋季约为 7.5 ℃。

总体来看，区域的气候条件整体呈现一定的干旱化趋势，而且在农作物生长期的气象干旱因素波动性增加，不稳定性增强，加大了农作物的受旱成灾风险。

3.1.3 大同县人文孕灾环境分析

3.1.3.1 人口与经济

人口与经济发展水平是影响人地关系的重要因素之一。图 3.7 显示，1994 年以来，大同县经济平稳快速发展，平均增速 11%。在 2012 年，大同县全县地区生产总值达到 20.03 亿元，相比于 1994 年的 3.52 亿元，翻了近 6 倍。大同县的总人口也在不断增长，平均增长速度为 0.9%，由 1994 年的 16 万人增长到 2012 年的 18.8 万人，增加了 17.5%。图 3.8 展示了 1994—2012 年大同县耕地面积与粮食产量变化，可以看出，1994 年，大同县耕地面积为 $3.925 \times 10^4 \ hm^2$，人均耕地面积 0.24 hm^2/人，到 1997 年，大同县的耕地面积增加了 $1.15 \times 10^4 \ hm^2$，增加到 $5.075 \times 10^4 \ hm^2$，人均耕地面积 0.32 hm^2/人。之后耕地面积总体上不断减少，到 2005 年减少到 34 hm^2，人均耕地面积

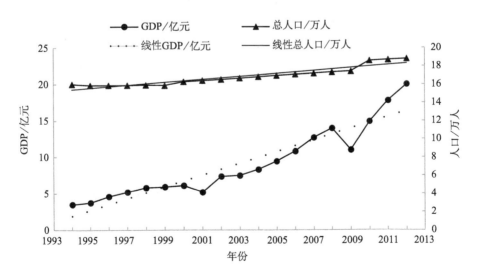

图 3.7 大同县经济与人口变化情况（1994—2012 年）

为0.2 hm²/人，相比于1997年减少了0.12 hm²/人，再到2009年又有小幅度上升，人均耕地面积上升到0.23 hm²/人。图3.8同时显示出大同县每年的粮食产量波动幅度大，总体上呈现下降趋势，人均粮食产量也呈现下降趋势。从作物种植结构看（图3.9），近20年来，大同县的粮食作物面积在不断增加，而经济作物的种植面积在不断减少。在气候生态环境不断恶劣和当地人口不断增长的双重压迫下，大同市不得不调整作物种植结构，增加粮食作物面积，保证足够的粮食供应，以满足人口发展的需求。

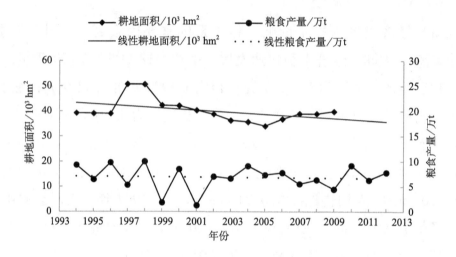

图3.8　大同县耕地面积与粮食产量变化（1994—2012年）

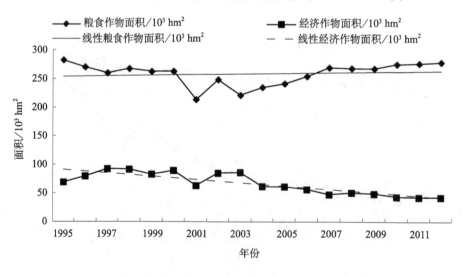

图3.9　大同县作物结构变化（1994—2012年）

3.1.3.2 土地利用变化

图 3.10 是在 1986、1995、2000 和 2010 年的土地利用分布图，可以看到大同县的主要土地利用类型为林地、草地、水域、旱地、城乡建设用地及未

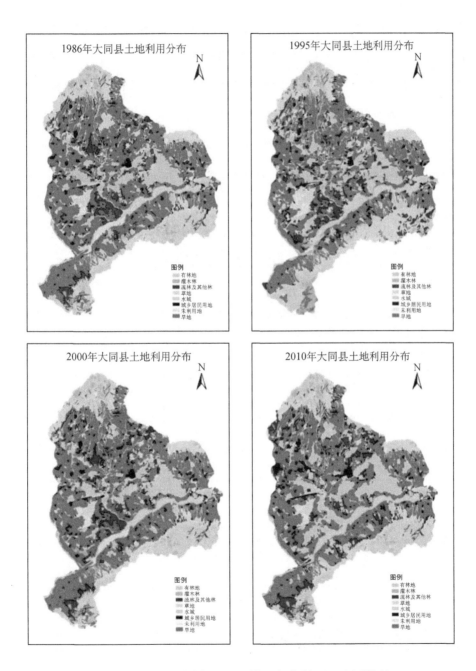

图 3.10 山西大同县土地利用变化情况（见彩图）

利用地，其中林地与旱地最多。大同县地势南北高中间低，因此林地主要分布在南北两头的高海拔地区，旱地主要分布在中间地势较平坦的区域。利用Arcgis空间统计将大同县各种利用类型土地面积计算汇总得到大同县在这四年的土地利用情况表（表3.1），从表中可以看出，1986年到1995年，大同县有林地减少，灌木林、疏林和其他林地的面积在增加，旱地面积骤降，减少了102.21 km²，而草地面积增加了74.36 km²。从1995年到2000年，有林地面积增加；灌木林、疏林和其他林地面积减少；旱地面积剧增，增加了87.32 km²；而草地面积锐减，减少约75.54 km²，与上一阶段呈现完全相反的变化趋势。从2000年到2010年，有林地面积继续增加，增加约70.98 km²，早些年植树造林的成果逐渐显现；城乡居民用地也明显增加，增加了21.73 km²；而灌木林、旱地、草地和未利用地都有不同程度的减少，分别减少了9.25 km²、49.96 km²、37.14 km²和16.20 km²。土地利用的变化情况反映了当地社会发展与自然保护不断权衡取舍的博弈。

表3.1　大同县不同土地利用类型变化　　　　单位：km²

土地利用类型 ＼ 年份	1986	1995	2000	2010
有林地	223.70	210.36	224.91	295.89
灌木林	33.65	48.98	34.80	25.55
疏林及其他林地	131.70	157.53	144.41	141.10
草地	285.26	359.62	284.08	246.94
水域	62.37	72.50	61.69	83.74
城乡居民用地	40.86	42.23	41.84	63.57
未利用地	27.48	16.02	28.16	11.96
旱地	669.60	567.39	654.71	604.75

3.1.4　大同县农业旱灾历史灾情

大同县隶属于山西省大同市，地处干旱半干旱气候带，降水的时空分布很不均匀，干旱发生概率高。近年来大同县的水资源短缺导致当地干旱灾害频发，农作物生产受到严重影响，大同县的经济发展也因此受到制约。1955年以来，大同市整个区域出现了 20 多个旱年，尤其是 20 世纪 80 年代后，干旱呈现逐年加重的态势，90 年代最为显著（梁进秋等，2011）。大同市 4—9月均可能出现干旱，因此该地区会出现春夏秋连旱现象，跨季连旱对农作物的影响更为严重。2006 年，大同市所有县区夏秋连旱，全市 286 万 hm^2 农作物受灾，其中 1.1 万 hm^2 绝收，农业损失高达 19644 万元。表 3.2 是 1987—2010 年大同县部分年份的旱灾受灾情况统计。

表 3.2 1987—2010 年大同县部分年份旱灾灾情统计

年份	农作物受灾面积/hm^2	农作物成灾面积/hm^2	农作物绝收面积/hm^2	直接经济损失/万元	受灾人口/万人
1987	35333.00	35333.00	—	1975.05	10.80
1990	2667.00	2667.00	—	1045.00	10.65
1993	11667.00	8867.00	2800.00	938.00	12.09
1997	13600.00	9467.00	4133.00	3145.00	8.97
1999	14333.00	10733.00	3600.00	2728.00	9.65
2000	16740.00	13740.00	3000.00	5438.00	9.59
2001	3900.00	2527.00	1373.00	2206.00	10.56
2002	20180.00	20180.00	—	2496.75	5.30
2003	17894.00	13829.00	3912.00	—	8.78
2005	3162.70	3091.20	—	1500.00	5.11
2006	11454.60	11234.60	220.00	3141.00	10.56
2007	35066.00	21693.00	13373.00	13253.00	10.33
2008	34000.00	20667.00	13333.00	16000.00	11.00
2009	37800.00	26067.00	11733.00	26285.00	12.20
2010	23361.40	20235.40	569.30	3852.36	7.62

数据来源：大同县民政局。

3.2 大同县农业旱灾适应性评价

3.2.1 研究思路与基础数据

3.2.1.1 研究思路

对大同县的农业旱灾适应性研究主要包括农业旱灾适应性评价与农业旱灾适应模式分析。在进行适应性的评价过程中，主要采取统计分析和问卷调查相结合的方式，首先找出当地影响旱灾适应性的主要影响因素，结合实地分析和评价思路，构建一套评价指标体系。整个评价过程，针对县域和乡镇尺度分别进行，评价结果显示出县级适应性指数的年变化情况和各乡镇的空间差异。对大同县农业旱灾适应模式的分析采取实证研究的方法。在实证分析的过程中，通过野外调查和入户访谈，了解当地自然情况、人文情况和旱灾情况，总结当地农户对旱灾的适应措施。在时间尺度上，分析传统的适应水平与现代水平之间的不同和差距；从水平差异的角度，总结出一套区域农业发展的适应模式。通过评价分析以及实证措施的总结，最终提出增强适应性的对策和建议。

3.2.1.2 基础数据

大同县农业旱灾适应性评价的数据主要来源于大同县统计局（表3.3），根据1990年到1995年以及2005年到2009年的大同县统计年鉴，并结合农调队的农村住户调查表格，整理了农业用地结构、生产资源情况、农户产业结构、农户经济活动等方面的数据。调查指标主要有耕地数量与质量、作物种植结构、农户经济状况、灌溉水平、机械化、抗旱设施、经营支出状况等。结合野外考察和农户问卷调查，从大同县的10个乡镇中，随机抽样选点，每个乡镇选出2~3户进行访谈，完成调查问卷。

大同县的抽样调查问卷共选择了12个调查村，南部和北部土石山区7个，东北部丘陵沟壑区1个，中部平川区4个（图3.11）。从大同县的整体

表 3.3 山西省大同县数据库建设基本情况

编号	数据库名称	统计单元	时段	字段
1	大同县 2010 年被抽中农户农作物种植及生产情况数据库	农户	2010	粮食播种面积、总产量
2	大同县社会经济统计数据	县	1990—1995、2005—2009	总人口、总户数,农户、乡村户数等
3	大同县灾情数据库	县	1987、1990、1993、1997、1999—2003、2005—2010	灾种、受灾人口、成灾人口、因灾死亡人口、因灾失踪人口等
4	大同县乡镇社会经济统计数据	乡、镇	1990—1995、2005—2009	总受灾面积、旱灾受灾、水灾受灾、风灾受灾、霜冻灾害受灾、病虫害受灾、其他灾种受灾等
5	大同县气象数据	气象站	1960—2010	日气象数据、最高温、最低温、降水量、日照时数、风速、相对湿度等

图 3.11 大同县野外调查航迹图

自然地理环境来说，南北差异较大，北部靠近林牧交错带，自然环境较其他地区要差，但是近几年开始，进行了大范围的退耕还林工作，不断地改善该地区的自然环境。通过考察以及地图观测，大同县内水域分布不均，水库和自然河流基本分布在南部地区。

3.2.2 适应性评价指标体系与模型构建

适应是应对变化的一种过程，从农户的角度，农业旱灾适应性是农户在长期的生产生活中总结经验，遇到旱灾后，调整自身行为，在原有环境下，采取措施适应旱灾，进而规避、转移、降低灾害风险，保障农户正常生活的一种能力。在整个成灾过程中，农户在不同的灾害发展阶段所采取的适应灾害的措施存在差异。农户能够采取多种适应方式预防灾前可能发生旱灾的风险；一旦成灾，能够积极抗灾或者降低受影响程度，并且转移风险，投入其他生产活动中；灾后调整生活方式，增加其他收入来源，恢复到正常生活。也就是说，适应方式合理多样，则农户生产生活系统易损性越弱，适应能力越强；反之，农户受到旱灾影响越大，适应能力越弱。本节基于实地调查数据，以区域灾害系统论为基础，从成灾过程的角度构建了农业旱灾适应性评价指标体系（图3.12），以揭示灾害不同阶段从不同灾害子系统的角度适应灾害的情况（王志强等，2013）。

基于农业旱灾适应性评价思路和指标体系，构建评价模型如下：

$$A_k = \sum a_{ik} \times w_i \qquad (3.1)$$

式中，A_k 为评价单元 k 的农业旱灾适应性指数，a_{ik} 为该评价单元中第 i 个指标要素的归一化值，w_i 为第 i 个指标要素对应的权重。运用层次分析法，通过偏差一致性指标（λ_{max} 为判断矩阵的最大特征根）检验权重合理性，最终确定各个指标的权重进行评价。

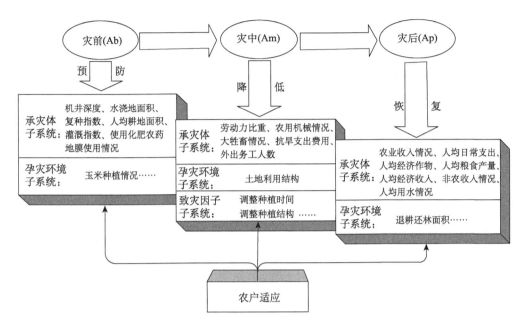

图 3.12　农业旱灾适应性评价指标体系

3.2.3　基于县域尺度的农业旱灾适应性评价

3.2.3.1　评价指标选取与权重确定

在县域尺度上，孕灾环境和承灾体的生产力水平是评价农业旱灾适应性的主要影响因素。根据上述评价方法和模型，从指标体系中选取合适的指标构建县级评价指标体系，对大同县 1990—2009 年的农业旱灾适应性进行评价。在构造对二级指标的判断矩阵时，通过一致性检验后的 CR 值分别为 0.096、0.0158 和 0.0739，满足 $CR = CI/RI < 0.1$，然后计算得出各指标的权重（表 3.4）。

表 3.4　基于县域尺度的大同县农业旱灾适应性评价指标与权重

指标	权重
水浇地面积所占比例/%（A_{b1}）	0.037
人均耕地面积（A_{b2}）	0.008

指标	权重
玉米面积所占比例/％（A_{h3}）	0.021
地膜使用量（A_{b4}）	0.035
农用机械总动力（A_{m1}）	0.106
大牲畜（A_{m2}）	0.054
人均经济作物产量（A_{p1}）	0.121
人均粮食产量（A_{p2}）	0.018
人均年纯收入（A_{p3}）	0.400
农业总产值（A_{p4}）	0.200

由表 3.4 可以看出，农用机械总动力、人均经济作物产量、人均年纯收入和农业总产值这四个指标所占比重相对较大。一般来说，农用机械总动力水平越高，说明该地区的其他机械设施情况也较好，在降水一定的情况下，水利化程度越高，适应性越强。人均经济作物产量、人均年纯收入和农业总产值都与该县的经济化水平相关。农业是大同县受旱灾威胁的主要对象，而经济作物产量更是关系到该县农民的农业收入情况。他们几乎没有其他收入来源，农业经济作物就是他们日常开支的来源，收入水平的高低关系到减灾投入的能力和潜力。农民的纯收入需要扣除生活费用，余下的才能转化为经营生产所用，改善水利设施等作为减灾投入，从而适应旱灾带来的影响。

3.2.3.2　评价结果与分析

根据各指标对总目标的权重结果，再进一步运用模型计算出大同县每一年的适应性指数大小。结果从图 3.13 可以看出：1990 年到 1995 年的整体适应水平明显低于 2005 年到 2009 年，1990 年到 1995 年期间，大同县农业旱灾适应性指数平均值仅为 0.24，而 2005 年到 2009 年期间平均值达到 0.64。从整体来看，适应性指数最小值为 1990 年的 0.14，最大值为 2009 年的 0.74，大同县的农业旱灾适应性指数呈上升趋势，说明大同县整体的农业旱灾适应水平是不断提高的，而人们应对旱灾的适应能力也在增强。这是承灾体脆弱性降低，农户进行风险转移，政府不断改善孕灾环境的结果。社会生活水平在不断提高，科学技术也在不断发展，虽然生存环境发生着变化，灾害程度不断加强，但政府也越来越重视此问题，提出了很多解决问题的政策、方法，农户自身也不断地探寻适应方法，争取有更多的收入来源，从而更好地适应旱灾风险，提高自身的适应能力。

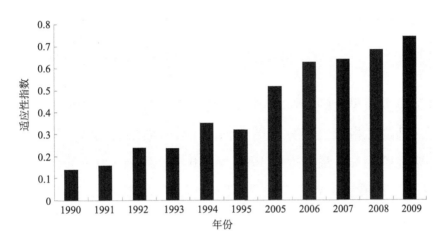

图 3.13　大同县各年份的农业旱灾适应性变化

3.2.4　基于乡镇尺度的农业旱灾适应性评价

3.2.4.1　评价指标选取与权重确定

在乡镇尺度上，农业旱灾适应性的主要影响因素是承灾体的生产结构以及风险转移的方式。基于上述农业旱灾适应性评价思路和模型，选取人均耕地面积、人均大牲畜、劳动力比重（劳动力占总人口比例）、人均粮食产量、人均经济总收入作为乡镇尺度的评价指标，将各乡镇数据进行归一化，选取 1991 年和 2009 年作为分析年份，运用 AHP 层次分析法，通过一致性检验得出 $CR = 0.0775$，满足 $CR = CI/RI < 0.1$，计算得出各指标权重（表 3.5）。

表 3.5　基于乡镇尺度的农业旱灾适应性评价指标与权重

指标	权重
人均耕地面积（A_{b2}）	0.041
人均大牲畜（A_{m3}）	0.108
劳动力比重（A_{m4}）	0.323
人均粮食产量（A_{p2}）	0.099
人均经济总收入（A_{p5}）	0.429

3.2.4.2　评价结果与分析

对大同县乡镇尺度的农业旱灾适应性进行评价，得出 1991 年和 2009 年的农业旱灾适应性指数空间分布图（图 3.14）。结果表明：大同县各乡镇的适应性指数显著增加，最大值由 1991 年的 0.28 增加到 2009 年的 0.77。此外从图 3.14 中可以看出，处于交通干线附近以及紧邻市区的各乡镇农业旱灾适应性指数较高，外出务工所得的非农收入比例增大和家庭经营模式多样化增加了旱灾风险转移的方式。而位于山区的乡镇和自然条件较差的乡镇适应性指数明显较低，应对旱灾的适应措施受到限制，这与致灾因子强度和风险转

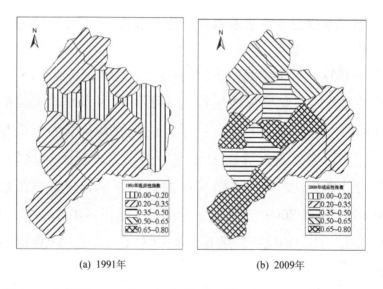

(a) 1991年　　　　　　　　(b) 2009年

图 3.14　大同县 1991 和 2009 年的农业旱灾适应性指数空间分布图

移方式局限性有关，说明各乡镇应对旱灾适应性的能力整体增加，但又存在明显区域差异（王志强等，2013）。

3.3 大同县农业旱灾适应措施分析

3.3.1 农户适应措施分析

农业灾害系统是由农业孕灾环境、致灾因子和承灾体组成的地表异变系统。农户作为承灾体的一部分，当旱灾来临，人力已无法抵挡时，适应就成为更好的生存法则，而影响农业旱灾适应性的因素很多，农户在长期的生产生活中已经潜移默化地得出很多经验性的适应对策。随着社会的发展和自然环境的改变，原本的适应对策可能发生改变或者产生新的适应策略来规避旱灾风险，能够在旱灾发生的过程中更好地适应旱灾以降低自身受到的影响。通过对大同县的实地考察分析，当地农户对于农业旱灾的适应能力主要体现在以下三个方面。

（1）种植结构——针对致灾因子适应旱灾

大同县属温带大陆性季风气候，降水少且集中于 6—8 月，玉米在 5 月播种，如果发生春旱，无法种植玉米，那么到 6 月雨季来临后可播种黍子或谷子等生长期较短的耐旱作物。根据降水时间年内或年际间分布不均来调整当地作物的种植时间和结构，也是农户长期以来从致灾因子的角度应对旱灾的适应策略。

（2）饮食习惯——降低承灾体脆弱性适应旱灾

大同县以雨养农业为主，玉米为主要经济作物，耐旱能力较强的黍子和谷子为主要口粮。由于黍子或谷子一季成熟就可满足 2 年左右的基本口粮，能应对春夏秋连旱的灾害情况。随着当地气候变化和作物的播种情况而形成的当地饮食结构，降低了农户的旱灾脆弱性，以更好地适应干旱环境。

（3）收入来源——进行风险转移适应旱灾

从农户访谈的结果来看，随着近些年外出务工的比例增大、农畜产品进行整合产销、农副产品加工业等多种非农业经营方式的增多，很大程度上增加了非农经济收入；政府对农户进行退耕还林生态建设补助、旱灾救济金、种植粮食补贴和农业保险赔偿金等都提高了非农业收入占总收入的比例，相应地减少了农业旱灾损失所占的比重，提高了农民对农业旱灾风险的适应能力。

3.3.2 政府适应措施分析

政府对农业旱灾的适应往往是从更宏观、更长远的角度上采取适应措施，规避和降低旱灾风险，通过工程和非工程措施，在生活、生产和生态用水之间进行科学分配，减轻人为因素造成的干旱缺水风险，保证区域农业的可持续发展。通过对大同县的乡镇政府进行走访调研，发现当地政府采取的适应措施主要包括以下几个方面。

（1）兴修水利设施——降低承灾体脆弱性适应旱灾

大同县水浇地灌溉主要以机井灌溉为主，过去深度为50m左右的机井能出水，而现在机井深度到150m也不能保证出水，只能满足农户正常生活饮水。册田水库是大同县最大的水库，为了应对农业旱灾，政府开始对水库灌溉设施进行修复，加强多级提水灌溉能力，完善水利工程建设，降低农作物的旱灾脆弱性，以提高农业生产效益的方式适应农业旱灾。

（2）重视干旱预警——加强致灾因子监测适应旱灾

在3S技术出现以前，人们往往通过天气变化和生活经验来对旱灾的出现和影响进行估测，而如今，由卫星遥感技术和GIS技术集成的旱灾综合监测系统，可以通过对地面温度变化、作物生理参数变化以及云层覆盖等进行建模，建立评估土壤水分含量变化状况的干旱监测模型，以快速、客观、大范围的特点实现旱情监测目标。为了更好地了解地区的干旱情况，当地政府也逐渐重视干旱的预警，利用气象预报信息做好抗旱决策，减轻干旱灾害造成的损失。

（3）建设生态环境——降低孕灾环境危险适应旱灾

实地考察与统计资料结合分析发现，大同县山地丘陵区自然条件较差，干旱情况较严重。1950 年以来为了保障粮食的生产、促进经济建设，大量砍伐森林开垦耕地，加重了地区的水土流失和干旱情况。近年来政府逐渐意识到良好的生态环境对社会经济发展的重要性，从 1999 年开始进行了大范围的退耕还林工作，共涉及 10 个乡镇 183 个自然村和 3 个农场。大同县政府大力开展植树造林，通过森林的恢复来涵养水源，改善生态环境，对干旱严重的地区进行综合治理，提高地区的抗旱能力，通过改善孕灾环境降低旱灾的发生危险。

3.4 大同县农业旱灾适应模式选择

对大同县的适应性评价和实证分析发现，大同县农户的适应能力已经从 20 年前的传统较低水平的适应提高到现在的较高水平的适应能力，但都是从适应环境的角度继承和改变孕灾环境、致灾因子、承灾体以及风险的适应策略，整体提高了适应农业旱灾的能力。因此，农户的旱灾适应能力是随着孕灾环境、致灾因子的自然和人文环境的变化而主动或被动变化的，从环境变化与应对策略之间相互作用关系的角度，形成了北方农牧交错带中部雨养农业典型区的不同发展阶段的农业旱灾适应模式（王志强等，2013）。

3.4.1 传统适应模式

传统适应模式主要是以满足温饱、适当改善生活为目标，其适应策略主要有适应干旱环境的种植结构调整策略和饮食结构，以及地膜保水和机井灌溉等生产措施（图 3.15）。不同的气候条件导致不同的环境适应策略，因地制宜的作物种植时间与结构的调整策略和农户的饮食习惯，是对半干旱地区雨养农业旱灾长期适应的结果。而以地膜保水和机井灌溉等降低承灾体脆弱性的策略，是传统农业中采取应对旱灾的主要适应策略，能在一定程度上降低农业旱灾的风险。

3.4.2 当前适应模式

当前适应模式是以改善和提高生活水平，在继承传统适应模式的基础上，根据重大干旱事件发生频次和强度增加趋势的环境下，通过采取退耕还林还草以降低孕灾环境危险性，以及通过外出务工和政府补贴等方式进行风险转移以减轻农业旱灾影响的适应模式（图3.16）。措施包括：在农牧交错

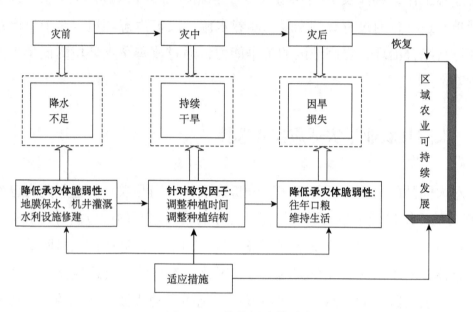

图 3.15　传统适应模式

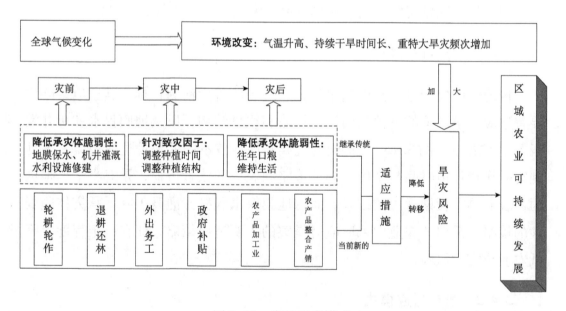

图 3.16　当前适应模式

带地区，将不能满足农业生产活动的耕地实行退耕还林，开展生态建设；轮耕轮作，耐旱作物与不耐旱作物交替种植，选种抗灾能力强或能错开灾害重发期的作物；大规模的城市化，外出务工人数比例的增加，具有区位优势的农户投资其他产业，非农业收入比例越来越大；政府为农民提供政策性收入，帮助农户修建灌溉设施，保障了农户的基本生活。这些措施的综合作用提高了农户对农业旱灾的适应能力。

3.4.3 未来优化适应模式

在全球气候变化和北方干旱化趋势背景下，重特大旱灾发生的风险可能仍然会增加，同时人口增加和资源缺乏也制约着社会的可持续发展。农业旱灾适应模式在未来存在一定的不确定性，已有的适应模式可能无法适应新的更严重的环境变化和旱灾。因此，在科学继承前两种适应模式的基础上，从承担和转移风险的角度，采取科学抗旱、兴建水库、改革保险制度和生态移民等措施，构建农业旱灾综合优化适应模式（图 3.17）。

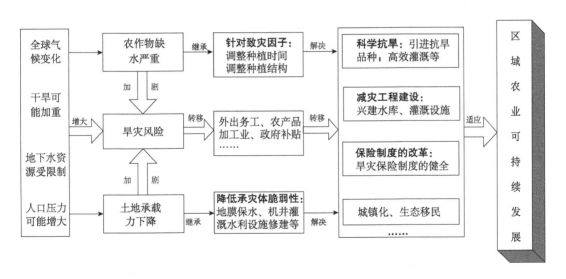

图 3.17　未来优化适应模式

3.5 本章小结

本章以大同县为例，对县域和乡镇两个尺度进行了农业旱灾适应性评价。结果表明：从县域尺度考虑，大同县农业旱灾适应性主要受到农用机械总动力水平和退耕还林的影响，在此基础上，进一步完善水利设施建设，更有利于提高该地区的农业旱灾适应能力；从乡镇尺度考虑，各乡镇的农业旱灾适应性主要受到区位环境的影响，不同的地理区位带来非农收入的差异，积极发展乡镇企业和增加外出务工比例也有利于提高农业旱灾适应性。通过对大同县实地调查并结合适应性评价结果，本章从灾害系统的角度，分别由致灾因子、承灾体、孕灾环境以及风险四个方面，通过实证分析总结了适应的策略，从环境演变与应对策略之间关系的角度，提出一系列的农业旱灾适应模式，即传统适应模式、当前适应模式和未来优化适应模式，为区域农业可持续发展提供一定的借鉴。

在本章的研究中，由于数据量获取不足，同时野外考察所得数据的定量性较差，导致建立的社会经济数据库还欠缺一定的完整性，在今后的研究中，随着数据获取的完整性不断加强，能够得到更精确的结果。在全球气候变化和北方干旱化的背景下，适应性成为研究的核心和重点，而进一步对农业旱灾适应性进行分析评价，并探究适应区域可持续发展的适应模式仍将是下一步研究的重点。

参考文献

梁进秋，任璞，郭雪梅，等，2011. 大同市气象干旱变化趋势分析［J］. 中国农学通报，27（3）：488-492.

王志强，马箐，闫静，等，2013. 农业旱灾适应性研究进展［J］. 干旱地区农业研究，31（5）：124-129.

第 4 章　云南省施甸县农业旱灾适应性研究

4.1　施甸县农业旱灾孕灾环境分析

4.1.1　施甸县基本概况

施甸县位于云南省西部边陲，怒江东岸，保山市南部，东经 98°54′ 至 99°21′、北纬 24°16′ 至 25°00′ 之间（图 4.1）。施甸县属中亚热带为主体的低纬山地季风气候。全年无霜期 273 天，每年平均雨量 883.2 毫米，每年平均降雨日数 153.9 天。施甸县境内地形属怒山尾翼山地峡谷区，地势大致北高南低，三面有江河环绕，两山夹一坝。高山、丘陵纵横交错，地势北高南低，海拔高差较大。2015 年，施甸县总人口 344418 人，人口自然增长率为 5.93‰。农业人口 282150 人，占总人口的比重达 81.92%。全县生产总值 501756 万元，第一、二、三产业的比重为 30：29：41。2015 年，粮食播种面积 52.72 万亩，粮食总产量 160533 t，其中夏粮产量 40459 t，秋粮产量 120074 t。烤烟收购量 26.65 万担，茶叶产量 1065.3 t，水果产量 23142.6 t，蚕茧产量 997 t，核桃产量 3074.5 t，板栗产量 647 t，食用菌产量 1393.3 t。年末实有耕地面积 350229 亩，复种指数达 228.7%。农作物总播种面积为 800974 亩，其中粮食作物播种面积为 527247 亩，粮经比例为 66：34。

施甸县是一个山区农业县，农业在国民经济和社会发展中具有十分突出的作用。然而施甸县自然灾害频繁，洪涝灾害、旱灾、病虫害突出，每年农业产量损失都较大，如 2003 年玉米大小斑病暴发，造成玉米绝收上万亩，损

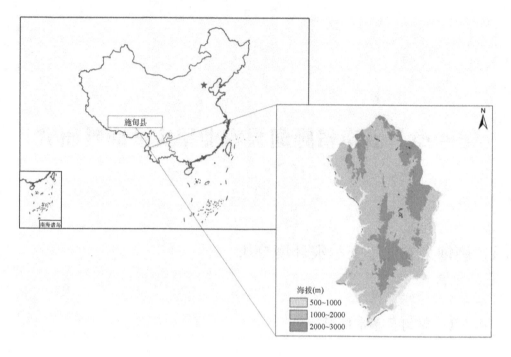

图 4.1　云南省施甸县位置及地形

失产量近 1000 万 kg。农业灾害给当地的农业与经济发展带来较大负面影响。

4.1.2　施甸县自然孕灾环境分析

4.1.2.1　降水量特征

气象数据显示 1960—2011 年中该地区年降水量略有减少，但是旱季降水量减少比较明显，一般情况下施甸县从 5 月开始进入雨季。近年来施甸县降水年内变化较大，通常出现雨季推后的情况。保山地区雨季降水量虽然波动不大，但降水日数呈现减少趋势，使得大春作物在生长期作物需水天数与降水天数不相适应，因此增加了作物受旱风险。

根据气象数据可以看出，由 20 世纪 60 年代至 70 年代降水量变化呈增长趋势，70 年代以后年降水量总体呈减少趋势（图 4.2）。研究区年降水量的年际变化较大，波动明显。由五年滑动平均曲线可知，21 世纪以来，整体降水量处于减少的趋势，相比前 40 年的降水量变化较明显。特别是在 2009 年，出现了近 50 年以来降水量的最小值，仅为 811mm。从降水天数的年际变化中可以看出，年与年之间波动较大，整体呈现明显减少的趋势。将年降水天数与年降水量进行对比（图4.3），降水天数的变化趋势较降水量而言更大。年降水量的变化不大，但每年的降水不断减少，说明降雨更加集中，造成重特大暴雨的出现概率增加、雨季时间缩短等问题，加大了干旱发生的风险。

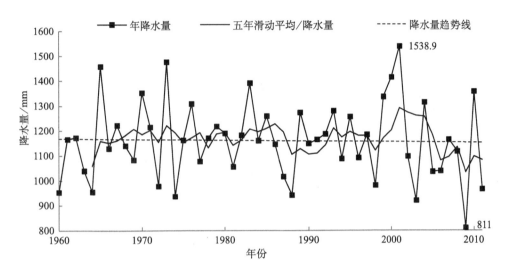

图4.2 研究区年降水量变化（1960—2011年）

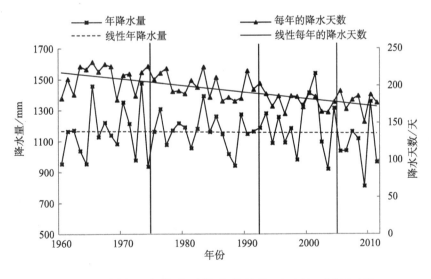

图4.3 研究区年降水天数变化趋势（1960—2011年）

图4.4、图4.5分别是雨旱季和四季的降水天数年际变化情况。相比雨

季的降水天数，旱季降水天数变化更为明显，呈波动减少的趋势；夏季和冬季的降水天数减少幅度较其他两个季节更明显。对研究区域而言，这样的环境变化同样给当地的种植业带来了一定的影响，给区域的防旱、抗旱工作带来了更大的挑战。

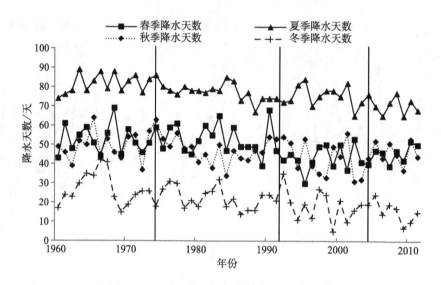

图 4.4　研究区雨旱季降水天数变化（1960—2011 年）

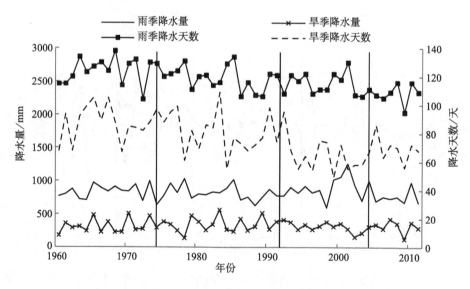

图 4.5　研究区四季降水天数变化（1960—2011 年）

4.1.2.2　气温特征

研究区 1960—2011 年以来年均气温呈现升高的趋势，1990 年以来年均气温升高趋势更为显著（图 4.6）。过去 50 年四季均温亦持续升高，秋冬春三季气温增幅与夏季相比更为显著，旱季气温增幅较雨季明显（马菁等，2013）。通过 1960—2011 年研究区相关气象数据的计算，这 52 年的平均气温为 16.6 ℃，从图 4.6 中可看出：年平均气温最低值出现在 1976 年，为 15.8 ℃；最高值出现在 1999 年，为 18 ℃，相差 2.2 ℃。年平均气温在 1980 年以前变化不大，从 20 世纪 80 年代开始气温明显升高，近 15 年变化更为显著，比 20 世纪 60 年代升高 1.2 ℃，比过去 50 年的平均气温高 0.8 ℃，上升速率明显加快。由五年滑动平均曲线可知，20 世纪 60 年代到 70 年代初气温稍有下降，80 年代后期和 21 世纪前期持续上升，90 年代中期后升温十分明显。

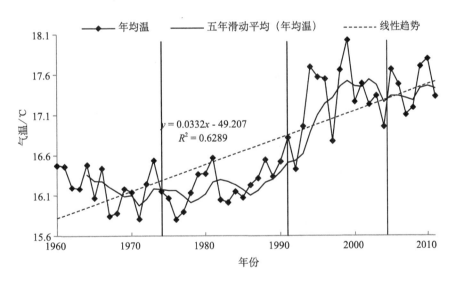

图 4.6　研究区平均气温变化（1960—2011 年）

近 15 年与 20 世纪 60 年代相比，春、夏、秋、冬四季平均气温分别上升了 1.4、0.7、1、1.5 ℃，可见相对于夏、秋两季，春、冬两季的气温变化更加显著。从图 4.7 和图 4.8 可以看出，秋、冬、春三季年均温增幅较夏季明显；旱季均温增加幅度较雨季明显。图 4.9 显示，冬季和春季的年均温波动幅度比夏季和秋季更为显著。总体来看，年均温升高的季节差异和冬春两季较强的波动性增加了研究区的农业旱灾风险。

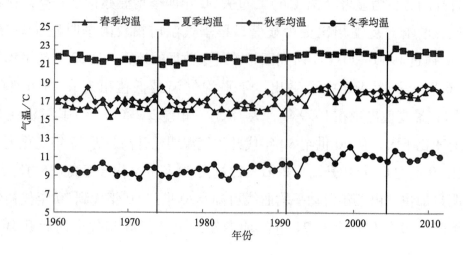

图 4.7　研究区四季均温变化（1960—2011 年）

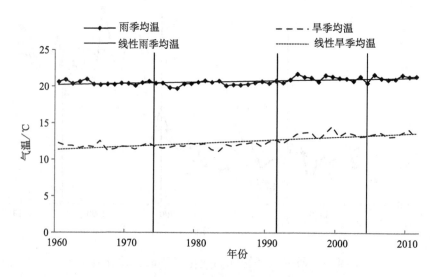

图 4.8　研究区雨旱季均温变化（1960—2011 年）

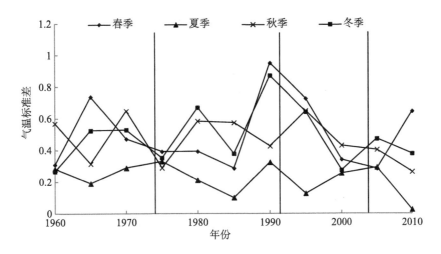

图 4.9 研究区四季气温标准差（1960—2011 年）

4.1.3 施甸县人文孕灾环境分析

4.1.3.1 人口与种植结构变化

从图 4.10 中可以看到，随着社会经济的发展，施甸县人口数量也不断增加，1991 年不到 30 万人口，到 2011 年已增长到 34 万人口。人口数量的增加造成当地环境资源短缺，承灾体脆弱性增大。图 4.11 是 1990—2011 年以来施甸县农户种植经济作物的情况。经济作物种植面积呈现不断增加的趋势。施甸县的主要经济作物包括烤烟、玉米、甘蔗等，大多属于耐旱性农作物，能更好地适应干旱天气事件，增强承灾体的适应性。可以看到：当地在自然资源短缺，承灾体脆弱性增大的情况下，通过调整种植结构，承灾体适应能力得到提高，增强了区域旱灾适应性。

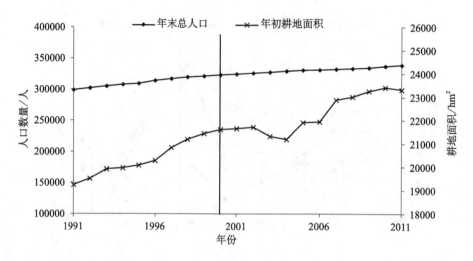

图 4.10　施甸县人口数量与人均耕地面积变化（1990—2011 年）

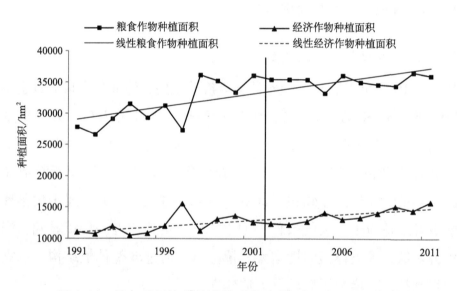

图 4.11　施甸县经济作物种植面积变化（1991—2011 年）

4.1.3.2　土地利用变化

从表 4.1、图 4.12、图 4.13 中可以看出施甸县在 1986、1995、2000 以及 2010 年这 4 年中当地几种主要地类的利用情况。自 1995 年以来，有林地面积不断减少，2000 年为 39225.5 hm²，到 2010 年有林地面积仅为 34184.7

hm², 林地面积的减少与当地在社会经济发展同时对环境造成一定的破坏有
关。随着当地生态环境保护意识增强，近十几年来，施甸县的疏林地面积大
幅增加，2010 年疏林地面积较 10 年前增加近 10000 hm²，这种变化与当地采
取退耕还林等政策密切相关。随着当地退耕还林政策的实施，较好地改善了
孕灾环境，从而增强了区域旱灾适应性。

表 4.1　不同地类利用情况　　　　　　　　　　　　　单位：hm²

年份	耕地			林地			
	合计	水田	旱地	合计	有林地	灌木林	疏林地
1986	13046.7	8559.0	13046.7	88371.2	39607.1	7698.0	41066.1
1995	18829.3	8965.5	9863.8	92781.2	44911.2	5026.3	42843.7
2000	21565.9	8503.3	13062.6	87066.8	39225.5	6025.6	41815.6
2010	18324.1	6971.4	11352.6	91737.2	34184.7	7118.3	50434.2

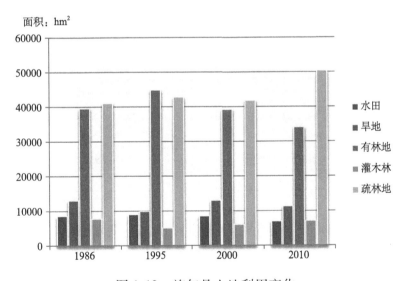

图 4.12　施甸县土地利用变化

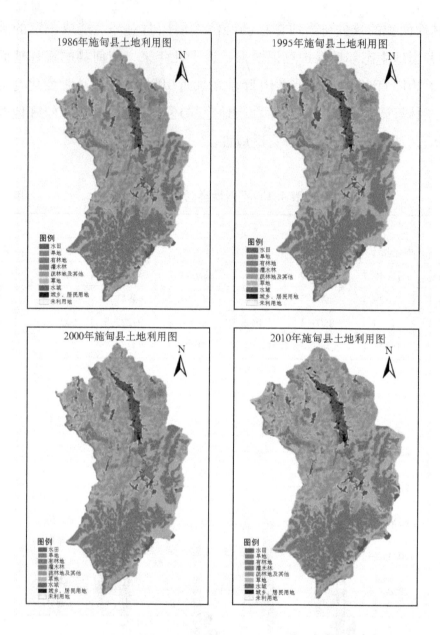

图 4.13　施甸县土地利用变化情况（见彩图）

4.1.4　施甸县农业旱灾历史灾情

研究区施甸县位于滇西南地区，行政隶属保山市，受南亚热带季风影响，气候温和，四季温差较小。由于该地区具有的山高谷深地形特征，气候垂直地带性显著，境内有三种气候类型区域，海拔从高到低分别为温凉山区和半山区、中亚热带气候区、南亚热带气候区,生态环境较为复杂,民间素有"一山分四季,十里不同天"的说法。近几年持续气候干旱,旱情不断加剧,造成人畜饮水困难、粮食减产,烤烟、茶叶、甘蔗、食用菌、核桃、生猪等产业受到严重损失,给人民的生产生活带来了很大的影响,抗旱救灾形势严峻。此处收集了民政部国家减灾中心国家自然灾害灾情上报系统中施甸县 2008—2010 年、2012—2013 年的干旱灾情情况,见表 4.2。

表 4.2　施甸县 2008—2013 年干旱灾情情况

年份	受灾人口/人	因旱生活需救助人口/人	其中:因旱饮水困难需救助人口/人	饮水困难大牲畜/头只	农作物受灾面积/hm²	其中:农作物成灾面积/hm²	农作物绝收面积/hm²	直接经济损失/万元
2008	167900	91000	86100	52160	19204	13543	4033	1597
2009	253600	105000	99880	78100	24626	19630	12667	3180
2010	334527	131143	9400	5210	37504	23553	12256	42800
2012	69278	54278	25000	9600	15730	4719	1926	8100
2013	195628	45673	12400	12300	11942.27	6026.52	509.46	5436.5

施甸县的农业生产"靠天吃饭"的特色较为明显,主要表现为农业生产用水主要依靠降水,农户生活用水的主要来源是山地水源,气候变暖气温升高、降水减少对当地农业影响较为严重,加上人口增加导致人均耕地减少,生态环境亟须改善,当地人地矛盾日益突出。尽管当前林地面积有所增加,但仍需进一步恢复保持,受到自然环境变化和经济条件限制等因素影响,当地农业旱灾风险在不断提高。从区域尺度来看,乡镇和农户作为受旱灾影响最直接的承灾体,应该成为防灾减灾适应策略的积极践行者,主动应对环境变化,采取有效措施调整自身行为,在实践中探索出适合本地区科学发展的道路。

本节利用已掌握的干旱灾情数据,制作施甸 5 年旱灾损失情况,见图 4.14 和图 4.15,从中可以看出,总体上施甸旱灾损失情况呈波动减少趋势,受当地社会经济的持续发展和各项防灾减灾政策措施的影响，当地农户增强了适应农业旱灾的能力，农作物受灾面积、农作物绝收面积和直接经济损失等几项指标损失逐渐减轻，其中2012—2013年的两年间农作物绝收面积和直接经济损失减少尤其明显。

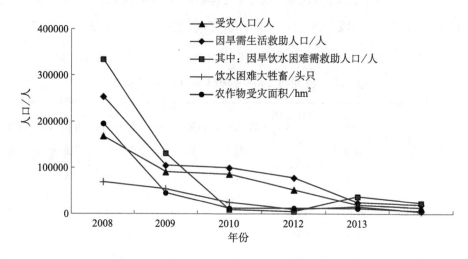

图 4.14　施甸旱灾损失情况一（2008—2013 年）

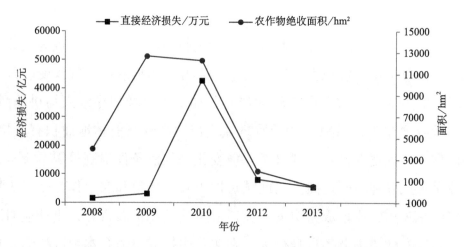

图 4.15　施甸旱灾损失情况二（2008—2013 年）

这种旱灾风险降低、旱灾损失减轻的变化，与当地采取的兴修水利设施、调整种植结构、增加非农收入、实施退耕还林等有效适应农业旱灾的措施密切相关。此外，作为受旱灾影响最直接的承灾体之一的农户，也通过改变自身生产生活行为以适应环境变化，积极主动采取措施适应旱灾，丰富收入来源，转移灾害风险，最大限度地降低干旱影响。以上这些措施从灾害系统理论的角度来看，无论是小区域尺度的乡镇，还是受农业旱灾影响最小单元的农户，都是作为农业旱灾的主要承灾体，通过其自身结构和行为的不断调整，以适应旱灾致灾因子和孕灾环境的不断变化。由此可见，通过采取措施降低灾害风险，提高旱灾承灾体的适应能力，是增强农业旱灾承灾体适应性的有效途径。

4.2 施甸县农业旱灾适应性评价

4.2.1 评价思路与基础数据

4.2.1.1 评价思路

技术路线分为三个步骤：一是研究分析当地统计数据，建立评价指标体系，提出指标评价标准，运用基于 RAGA 的 PPE 模型对乡镇农业旱灾适应能力进行评价；二是通过实证分析，实地调查研究当地不同时期自然环境、人文环境和政策措施的变化，总结归纳当地为降低旱灾风险减少灾害损失所采取的适应措施和方法（图 4.16）；三是结合模型评价和实证分析，研究证明适应是一个长期持续的过程，当地适应能力呈不断增强趋势，适应方式随环境改变而不断变化。

4.2.1.2 基础数据

收集整理到的研究区基础数据包括：保山地区 1960—2011 年气象数据，施甸县统计局 1991—2011 年的全县社会经济统计年鉴，当地 1986、1995、2000 和 2010 年土地利用图，施甸县农调队 1997—2011 年的农村住户调查表数据，施甸县 2008—2013 年干旱灾情数据，详细情况见表 4.3。其中，由于

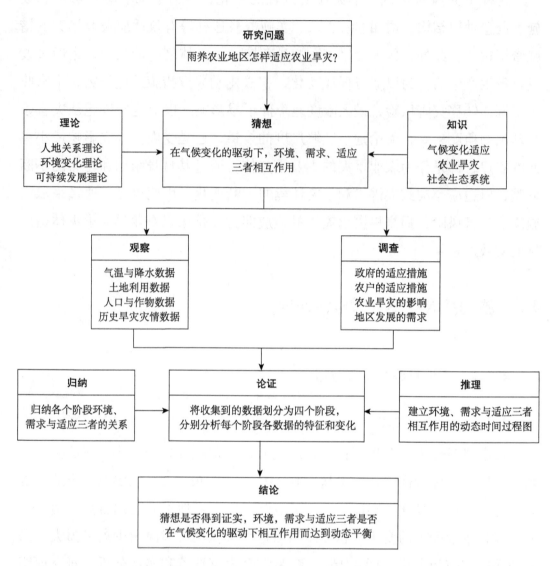

图 4.16　农业旱灾适应实证分析流程

没有收集到施甸气象局的数据，研究依据的气象数据全部来自保山气象站的观测数据，该数据比较全面地反映了包括施甸县在内的整个保山地区的气象状况。

表4.3　云南省施甸县数据库建设基本情况

编号	数据库名称	统计单元	时段	字段
1	保山地区气象数据	气象站	1960—2011 年	日气象数据、最高温、最低温、降水量、日照时数、风速、相对湿度 7 个字段
2	施甸县社会经济统计数据	县	1991—2011 年	耕地面积、经济作物产值、农业总产值、总人口、机械动力等 53 个字段
3	施甸县土地利用图	区	1986 年、1995 年、2000 年、2010 年	土地利用二级类
4	施甸县农调队数据库	农户	1997—2011 年	农户收入、土地经营情况、谷物产量等 2600 多个字段
5	施甸县干旱灾情数据	县	2008—2013 年	受灾人口、因旱需生活救助人口、因旱饮水困难人口、饮水困难大牲畜、农作物受灾面积、农作物成灾面积、农作物绝收面积、直接经济损失 8 个字段

选取这些数据作为适应性评价指标研究的基础数据，主要是考虑 20 年统计数据、50 年的气象数据和不同时期的土地利用数据，对本章的研究具有可操作性，同时数据量丰富，能够比较系统、全面地反映当地农业旱灾的适应过程。

4.2.1.3　调研数据

通过施甸县统计局，查阅收集了 1997—2011 年农业调查队入户调查的部分数据。目前施甸县农调队一共有调查户数 160 户。农调队调查以点为单位，调查户数和具体户每年都有变化，一般有 10～20 个点，一个点包括 10 户左右，指标基本满足研究所需。

从农户收入情况分析，当地通过采取各种适应措施，增强了适应旱灾的能力。表4.4 列出了 2004—2011 年调查数据中的农户人均总收入和外出务工人均收入情况，其中农户人均总收入包括 4 大类收入：工资性收入、家庭经营收入、财产性收入和转移性收入。通过对 2004—2011 年农户人均收入和外出务工人均收入进行分析（图 4.17 和图 4.18），结果表明：农户人均收入呈上升趋势，特别是近两年人均收入增加明显，2011 年比上一年增加近 1400元，增幅达 24.47%，说明农户通过采取外出务工、发展第三产业、增加经济作物种植以及农业保险等多种措施和方法，丰富收入来源；比较前述施甸干旱灾情数据，2010 年的受灾人口、农作物受灾面积和直接经济损失等指标数据都比 2009 年的增多，而 2010 年农户人均收入却比上一年收入增加了25.14%，这说明农户收入增加反映了农户适应能力得到了增强，能够较好地降低灾害风险，减少旱灾带来的不利影响。

表 4.4 2004—2011 年农户收入情况表 单位：元/人

年份	2004	2005	2006	2007	2008	2009	2010	2011
农户人均总收入	2406	2893	3049	3674	4675	4521	5716	7114
农户外出务工人均收入	135.55	106.64	191.13	245.03	235.66	309.86	493.72	622.60

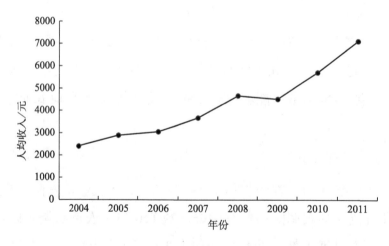

图 4.17 农户人均收入趋势（2004—2011 年）

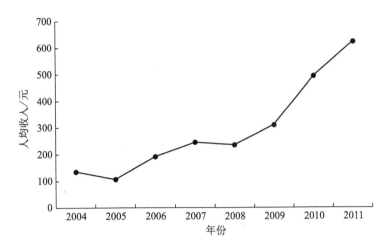

图 4.18　农户外出务工人均收入趋势（2004—2011 年）

4.2.2　适应性评价指标体系搭建与模型算法

4.2.2.1　适应性评价指标体系搭建

灾害发生过程分为灾前、灾中、灾后三个阶段，由于不同阶段造成的灾害影响有所不同，因此采取"灾前规避风险—灾中降低风险—灾后转移风险"的思路进行农业旱灾适应性评价，从系统性、过程性两个方面研究农业旱灾适应性。考虑农业生产、生活系统的差异，对旱灾不同发展阶段——灾前、灾中、灾后，分别以自然环境、人文环境以及经济条件为主要影响因素选取 32 个评价指标，构建了农业旱灾适应性综合评价指标体系（邓岚等，2014）（图 4.19）。

选取的评价指标反映了农业生产/生活系统的旱灾适应情况，实现了不同阶段农业旱灾适应性的过程性评价。在实际应用中，对于农业旱灾适应性评价指标的选取，应根据实际需要，在突出体现区域特色的基础上，要注意指标的可量化和数据的可获取性，宜简而不宜繁。

由于不同尺度的承灾体受旱灾影响因素有所不同，小区域尺度受到旱灾影响与当地自然环境、人文环境密切相关。为了准确把握该区域独特的自然、社会、经济条件和政策制度对当地农业旱灾适应性的影响，选择施甸县

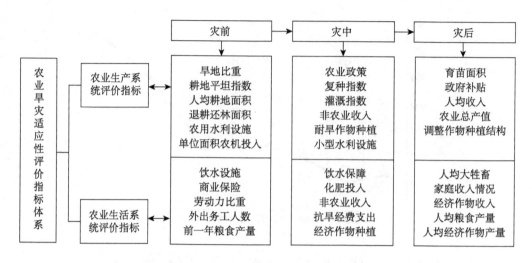

图 4.19　农业旱灾适应性评价指标体系

乡镇作为评价单元，对小区域乡镇尺度农业旱灾适应能力进行评价。

依据图 4.19 农业旱灾适应性评价指标体系中所列适应性评价指标，同时基于研究区域 1991—2011 年统计数据，并在对施甸县 20 年统计数据分析基础上，最终确定了旱地比重、人均耕地面积、人均粮食产量、经济作物合计产量和人均大牲畜等 5 项指标，作为乡镇尺度的农业旱灾适应性的评价指标。

这 5 项指标数据的选取主要基于以下几点：一是 5 项指标的数据全面、完整，覆盖了 20 年时间，具有一定的系统性和综合性，有利于研究的进行。二是这 5 项指标 20 年来的变化，可以反映出当地采取的旱灾适应措施，基本体现了基层乡镇应对旱灾的政策调整：①旱地比重、人均耕地面积反映了该地区的人口自然增长变化、自然环境改变、城镇化，以及退耕还林等适应性因素作用下研究区域的土地资源承载力；②人均粮食产量、经济作物合计产量反映了多年以来国家政策、农业经济发展以及种植结构调整等适应性因素作用下该地区粮食和经济作物产量的标志值；③人均大牲畜反映了当地经济发展水平、畜牧业发展条件等适应性因素作用下该地区的载畜能力。

4.2.2.2　适应性评价模型算法

采用基于 RAGA 的 PPE 模型对施甸县农业旱灾适应等级进行评价，构建研究区施甸县基于乡镇尺度的农业旱灾适应性等级评价模型。

首先选定农业旱灾适应性等级评价标准，将等级作为样本（5 级），以表 2.3 为基础用旱地比重（A_1）、人均耕地面积（A_2）、人均粮食产量（A_3）、经济作物合计产量（A_4）、人均大牲畜（A_5）5 项指标构建乡镇评价指标体系。以逐年（1991—2011 年）各乡镇指标数据为基础，利用 PPE 评价模型进行投影优化，可以作为计算当年各乡镇的实际样本投影值，以 $z(i)$ 表示。但将 $z(i)$ 表征为某种旱灾适应性等级，需要另外建立旱灾适应性等级。在本章中，旱灾适应等级的标准按照下述方法确定，当这 5 个指标均取 Ⅰ 级时，将此时的旱灾适应等级定为 1 级，当这 5 个指标均取 Ⅱ 级时，将此时的旱灾适应等级定为 2 级，以此类推。这样，通过计算各级旱灾适应等级指标值时的 PPE 投影，就可以建立起 PPE 投影值与旱灾适应等级的映射关系。

步骤 1：将 13 个乡镇 20 年（1991—2011 年）的数据中旱地比重（A_1）、人均耕地面积（A_2）、人均粮食产量（A_3）、经济作物合计产量（A_4）和人均大牲畜（A_5）这 5 个指标数据，作为一个总体数据运用 PPE 模型计算求出 5 个指标的投影方向向量，并经过 RAGA 优化投影方向得到 5 个指标的最佳投影方向：

$$\alpha^* = (0.0067, 0.0031, 0.5589, 0.5843, 0.5884) \qquad (4.1)$$

式中，0.0067、0.0031、0.5589、0.5843、0.5884 分别为旱地比重（A_1）、人均耕地面积（A_2）、人均粮食产量（A_3）、经济作物合计产量（A_4）和人均大牲畜（A_5）20 年的最佳投影方向。

步骤 2：将 α^* 代入式（2.5）后，求得各指标 20 年的投影值 $z(i)$：

$$z(i) = (0.0098, 0.3407, 0.6879, 0.9551, 1.7316) \qquad (4.2)$$

式中，0.0098，0.3407，0.6879，0.9551，1.7316 分别为旱地比重（A_1）、人均耕地面积（A_2）、人均粮食产量（A_3）、经济作物合计产量（A_4）和人均

大牲畜（A_5）20 年的投影值。

步骤 3：将上述各指标 20 年的投影值与适应性等级标准 1~5 级进行二次函数拟合，得到适应等级，计算公式如下：

$$y^* = -0.8456z_1^2 + 3.8608z_1 + 0.8847(R^2 = 0.9923)\qquad(4.3)$$

式中，y^* 即为各指标对应的适应等级值。

计算得出 $y^* = （0.92，2.10，3.14，3.80，5.03）$

这样，将逐年 5 个指标数据进行 PPE 模型计算，并经过 RAGA 优化得到最佳投影值之后，按照式（4.3），即可计算得到当年对应的适应等级，按计算值就近取整。

4.2.3 施甸县农业旱灾适应性评价

4.2.3.1 全球变暖施甸县乡镇适应等级评价

以 1991 年、2007 年施甸 13 个乡镇的数据为例，计算各乡镇当年的适应等级。

首先，运用 PPE 模型计算求出 1991 年、2007 年 13 个乡镇各指标的投影方向向量，并经过 RAGA 优化投影方向得到 1991 年、2007 年各乡镇 5 个指标的最佳投影方向 α^*；其次，将 α^* 代入式（2.5）后，求得 1991 年、2007 年各乡镇的投影值。

1991 年 13 个乡镇投影值分别为：

$z(i) = （0.4525，0.6152，0.1345，0.4391，0.3084，1.2037，0.298，0.3088，0.3178，0.3088，0.7996，1.1924，0.568）$；

2007 年 13 个乡镇投影值分别为：

$z(j) = （1.0421，1.3822，0.5666，1.0403，0.8223，0.5666，0.5878，0.8781，1.1893，1.5596，1.3686，1.6071，1.0415）$。

最后，将 $z(i)$、$z(j)$ 代入公式（4.3），计算求得 1991 年、2007 年 13 个乡镇的适应等级值，按计算值四舍五入取整数，归属到对应的适应等级 1

~5 中（表4.5）。

从表4.5 中可以看出，相比 2007 年，1991 年各个乡镇的适应等级基本上较低，只有旧城乡的适应等级高于 2007 年。

表 4.5 1991 年与 2007 年各乡镇农业旱灾适应性评价结果及其等级划分

样本	1991 年			2007 年		
	投影值 $z(i)$	计算值 y^*	归属级	投影 $z(j)$	计算值 y^*	归属级
太平镇	0.45	2.46	2	1.04	3.99	4
姚关镇	0.62	2.94	3	1.38	4.61	5
万兴乡	0.13	1.39	1	0.57	2.80	3
摆榔乡	0.44	2.42	2	1.04	3.99	4
酒房乡	0.31	1.99	2	0.82	3.49	3
旧城乡	1.20	4.31	4	0.57	2.80	3
木老元乡	0.30	1.96	2	0.59	2.86	3
老麦乡	0.31	2.00	2	0.88	3.62	4
何元乡	0.32	2.03	2	1.19	4.28	4
水长乡	0.31	2.00	2	1.56	4.85	5
由旺镇	0.80	3.43	3	1.37	4.58	5
仁和镇	1.19	4.29	4	1.61	4.91	5
甸阳镇	0.57	2.80	3	1.04	3.99	4

为了评估上述方法中样本投影值映射到旱灾适应等级的精度，将前述使用所有数据（所有乡镇，20 年数据）时获得的投影值 $z(i)$ 与适应性等级标准 1~5 级的拟合结果 y^* 进行分析，表中绝对误差为等级标准值减去等级计算值 y^*，相对误差为绝对误差除以等级标准值。可见，基于 RAGA 乡镇农业旱灾适应性等级评价 PPE 模型的精度尚属合理（表4.6）。

表 4.6　乡镇农业旱灾适应性等级标准 PPE 模型计算及误差

等级标准值	投影值 $z(i)$	等级计算值 y^*	绝对误差	相对误差/%
1	0.01	0.92	0.08	7.75
2	0.34	2.10	−0.10	−5.10
3	0.69	3.14	−0.14	−4.68
4	0.96	3.80	0.20	4.98
5	1.73	5.03	−0.03	−0.69
均值			0.11（绝对值）	4.64（绝对值）

选取 1991、1996、2002、2007 年四年各乡镇的农业旱灾适应性数据制作农业旱灾适应等级分布空间图（图 4.20）。从图中可以看出，2002 年以前该地区各乡镇的旱灾适应等级明显低于 2002 年以后。随着当地社会经济的发展和生态环境保护理念的增强，施甸县大部分乡镇农业旱灾适应能力呈现不断增强的趋势。

基于上述乡镇旱灾适应等级 RAGA-PPE 模型，对乡镇农业旱灾适应性进行评价。结果表明：①调整种植结构已成为当地降低作物脆弱性、适应干旱环境的重要措施。通过改变传统种植结构，大规模种植耐旱经济作物烤烟，并增加核桃、茶叶等高经济价值作物种植，保证了当地经济持续发展，有效提高农户适应旱灾的能力。②施甸县社会经济不断发展和人口不断增加，造成同期耕地面积减少，通过落实坡改梯政策，企业补贴改造坡地种植甘蔗，既解决了作物用地矛盾又切实增加农户收入，承灾体适应能力得到进一步增强。③实施退耕还林项目，积极改善孕灾环境，以善洲林场为代表的植树造林很大程度上改善了当地自然环境，2009 年全县森林覆盖率提高到了44.8%，对有效涵养水源并降低暴雨影响发挥了积极作用。④由于施甸县南北地形、地势的差异，不同地区乡镇适应农业旱灾的能力也有所差别。从图4.21 和图 4.22 可以看出，位于中部坝区的甸阳镇以及南部山区的旧城乡的适应性指数较高。施甸河流经甸阳镇，提供较好的水热条件，且甸阳镇是施甸县城所在地，社会经济条件以及地理区位良好，所以旱灾适应能力较强；旧城乡与勐波罗河相邻，气候条件以及水热环境较好，适于种植热带水果以及蔬菜，经济作物的大规模种植为旧城乡带来较好的农业经济收入。

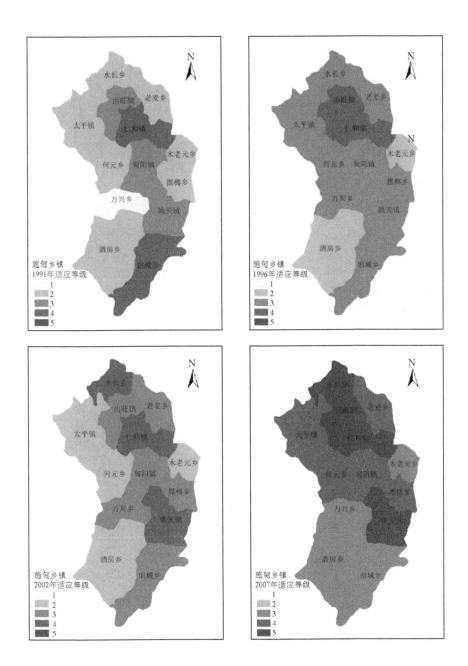

图 4.20　乡镇农业旱灾适应等级空间分布图（见彩图）

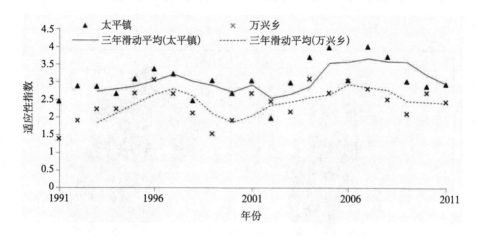

图4.21 太平镇与万兴乡适应等级年际变化

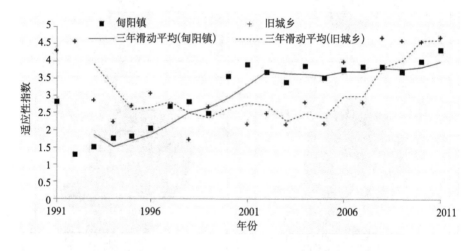

图4.22 施甸镇与旧城乡适应等级年际变化

进一步分析,由图4.21和图4.22中4个乡镇适应性指数的三年滑动平均曲线可以看出,太平镇和万兴乡的年际变化较平稳,处于波动且呈现持续上升的趋势。相比之下,甸阳镇和旧城乡的年际变化较大,甸阳镇在20世纪最后10年处于不断增大的趋势,增幅较大,进入21世纪以后,趋于平稳,且适应性指数较大,适应能力较强。旧城乡的适应性指数一直处于波动变化过程,2007年以后增幅明显,之后一直处于较高适应等级。总体看来,施甸各乡镇的农业旱灾适应能力呈现不断增强的趋势。

4.2.3.2 施甸县农业旱灾适应性分析

根据 PPE-RAGE 评价模型，最优投影方向向量 α^* 相当于各指标的权重。通过模型计算得出施甸 1991 年的最优投影方向向量 α^* = （0.2468，0.0440，0.7097，0.6532，0.0824），2000 年的最优投影方向向量 α^* = （0.5994，0.0497，0.7528，0.2552，0.0803），2010 年的最优投影方向向量 α^* = （0.0377，0.0413，0.2559，0.7834，0.5637），对应的指标分别为旱地比重（A_1）、人均耕地面积（A_2）、人均粮食产量（A_3）、经济作物合计产量（A_4）、人均大牲畜（A_5）。其中旱地比重和人均耕地面积指标为负向指标，即该指标值越大，表示当年生态环境越差；人均粮食产量、经济作物合计产量、人均大牲畜指标为正向指标，即该指标值越大，表示当年适应能力越强。

总体来看，2000 年以后旱地比重、人均粮食产量指标权重与 2000 年以前相比明显降低；人均耕地面积指标权重基本不变，权重值较小；经济作物合计产量指标权重处于波动变化的过程，而人均大牲畜指标权重大幅度升高。结果说明：2000 年以前旱地比重、人均粮食产量和经济作物合计产量指标对农业旱灾适应性等级影响较大；2000 年以后人均粮食产量、经济作物合计产量以及人均大牲畜指标对农业旱灾适应性等级具有较大影响。这种变化反映了当地自 20 世纪 90 年代开始，由于旱季气温较雨季上升明显，旱季降水天数较雨季降水天数减少更为显著等气候变化加剧，导致干旱事件发生的风险随之增加（图 4.5 和图 4.8），同时随着人口加剧、耕地减少、自然资源紧缺、社会经济发展带来的人地矛盾日益突出，因此调结构转方式就成为当地适应环境变化的重要举措。

施甸县传统农作物主要是水稻和冬小麦，单一的种植结构难以适应发展需要，当地根据垂直地带和纬度地带的地域特征调整种植结构：境内山底平地（坝子）是农户主要居住和耕作的地域空间，降雨条件较好，基本上每年都可以保证水稻的产量，并建成无公害绿色蔬菜基地；在坡地种甘蔗，在高纬度山区种植耐旱的烟叶、核桃、茶叶等经济作物。

烤烟种植产业经历了从无到有、从弱到强的艰辛历程，已发展成为当地的主要经济作物。烤烟属于耐旱性经济作物，施甸县大力发展烤烟种植，形成规模化效益，为当地经济发展发挥了保障作用，能够在很大程度上降低灾前影响，保障农户的基本经济收入以维持生产生活（马箐等，2013）。

甘蔗也是当地的重要经济作物之一。考虑到农村耕地面积紧缺的问题，政府和企业给予农户补贴实施"坡改梯"种植甘蔗，较大程度缓解农作物之间的争地矛盾，改善了农业生产条件，提高了甘蔗产量，增加了农民收入，农户的灾害适应能力得到增强，有利于减轻农业旱灾风险。

农户自身也积极采取措施提高农业旱灾适应能力，通过外出务工增加非农收入，在农忙时节，外出务工的劳动力会回到农村帮忙。如此一来，可以做到农忙、务工两不误，每年获取经济作物和外出务工的收入，达到双丰收的最佳效果。转移旱灾风险，减少因旱减产造成的损失，即使发生旱灾，严重影响到作物收成，农户还可以有外出务工的收入作为生产生活的保障，很大程度上降低了灾害风险。

施甸县兴修小型水利设施。政府引进项目投资，为旱情严重的地区修建规格为 24 m^3 的水窖，有效提供用水保障，解决饮水问题，进一步增强该地区农业旱灾适应能力。由于施甸县各乡镇地形复杂，材料运输成本较高，每一口水窖需要花费 4500 ~ 5000 元，目前可以保证干旱严重的乡镇实现户均 1口水窖，但水窖数量还没有全县普及到户。

改善生态环境是保证区域社会经济可持续发展的关键。施甸县通过实施退耕还林工程，有效缓解因发展带来的人地矛盾，2009 年全县的森林覆盖率提高到了 44.8%，能够有效涵养水源并降低暴雨影响，减少旱灾风险。近几年通过推广沼气技术和实施农村电网改造，极大转变了村民传统的以木柴作为生活燃料的方式，减少了森林砍伐，有利于保护自然环境，水源储量得到保证，可以在一定程度上降低旱灾的负面影响。

政府和农户在应对旱灾的过程中采取各种措施，目前看来大部分都是卓有成效的。在人类社会漫长的环境演变过程中，自然环境和人文环境相互作用，都在发生或是主动或是被动的改变，人们要适应环境变化并在这种变化中发展进步，只有通过包括政策、技术以及自身的积极改变，才能实现与灾害风险共存，人与自然和谐发展的良好局面。

4.3 施甸县农业旱灾适应措施分析

4.3.1 农户适应措施分析

随着社会的发展和自然环境的变化，原来的适应对策可能会发生变化或者产生新的适应对策来规避旱灾风险，能够在旱灾发生的过程中更好地适应旱灾以降低自身受到的影响。通过对施甸县的实地考察分析，当地农户对于农业旱灾的适应策略主要体现在两个方面，一是通过退耕还林提高孕灾环境稳定性来适应旱灾。自从 2009—2010 年施甸县发生严重旱灾，当地政府和农户就已经意识到环境保护的重要性，并通过抗灾、减灾的方式积极自救，采取多种措施适应农业旱灾以降低旱灾风险，退耕还林则是较为广泛和有效的措施之一。直到 2009 年，施甸县的森林覆盖率提高到了 44.8%，能够有效涵养水源，降低暴雨影响。人们通过改变孕灾环境提高对农业旱灾的适应能力。二是通过增加收入来源进行灾害风险转移以适应旱灾。从经济来源调查结果来看，当地农户不再满足于农业收入，更多人愿意外出打工以增加非农收入，即使旱情严重影响作物产量，外出务工的非农收入也可以作为生产生活的保障，从而转移旱灾风险以提高对农业旱灾风险的适应能力。

4.3.2 政府适应措施分析

相比于农户在农业旱灾中采取的适应措施，政府所采取的措施通常是政策性的指导策略，对区域的旱灾适应进行宏观调控。本节通过在施甸县实地考察酒房乡、旧城乡和太平镇三个比较典型乡镇的农业情况，对乡镇层面上旱灾的适应情况进行总结分析。

酒房乡地处海拔 1800 多米，主要农作物有烤烟、甘蔗、玉米和水稻，其中甘蔗种植面积有 2.6 万亩，烤烟种植面积有 1.6 万亩，是两种主要的经济作物。该地旱情主要是缺水导致，2010 年旱情严重，导致大部分玉米绝收，甘蔗减产。适应旱灾采取的措施包括：①兴修水窖。生产和生活用水都由水窖供应，水窖修在田地边，在雨季来临时通过水窖蓄水，农户饮水主要来源也是水窖，每家农户有 4～5 个水窖。但因当地交通不便带来水窖建设成本高，每口水窖花费 4500～5000 元。②调整种植结构。20 年以前这里的种植结构为冬小麦、夏玉米和花生，现在种植结构调整为烤烟、甘蔗，花生自给自足。而且在不同的种植季节，种植不同的农作物，在大春主要种植玉米、烤烟，在小春主要种植小麦。③风险转移。开展农业保险，但赔付较低。大力发展核桃等耐旱且价值高的经济林果。④外出务工。超过 8000 人都外出务工，以青壮年居多，外出务工人员需要在雨季时回来帮忙种植烤烟。

旧城乡是典型的干热河谷乡，该地最高海拔为 1600 多米，5—7 月为河谷雨季，8 月降水较少，9 月基本无降水。当地主要以甘蔗、蔬菜的种植以及饲养生猪（每户喂养 20 头左右生猪）为主要经济来源。适应旱灾采取的措施：①实施"坡改梯"政策。政府和企业联合补贴，鼓励农户在海拔 1200 m 以上种植经济林果核桃，海拔 1200 m 以下种植甘蔗，较好地增加农民收入。②退耕还林。虽然无项目支持，但是当地农户仍然自发进行退耕还林，退耕还林面积达到 1 万多亩。③丰富收入来源。河谷地区菜农自己合资创办合作社，集中收购蔬菜，统一供应到外地。④水利设施。修建防渗沟渠和水窖，目前水窖有 162 口，新建水窖 80 口。

太平镇每年的 5—7 月经常降暴雨，冰雹和风灾严重。该地区水源海拔低，海拔太高的地方抽水无法到达，所以干旱情况较为严重，其中 2005 年和 2010 年旱情较为严重。作为施甸县主要种植烤烟地区，太平镇从 1982 年开始种植烤烟，1992 年形成规模，1998 年实行双控政策，即控制总量、控制规模，以达到高质量的要求，现在烤烟种植收入为 7000 元/年/户。适应旱灾采取的措施：①政策补贴。作为施甸县的烤烟大镇，政府给予烤烟受旱的最高补贴为 850 元/亩，占正常情况下的烤烟收入 4000 元/亩的 20% 左右。此外，烤烟企业还给予完成合同要求 300 元/亩的补贴。②种植结构调整。10 月种植小春作物大麦，7 成熟就开始收割，作为饲料用于生猪喂养。甘蔗属于大春作物，种植面积达到 3 千多亩，4 月初开始春播，秋天收获，避开 11 月的冬季干旱绝收风险。③兴修水窖。以前用水来源于泥塘、水塘蓄水，2006 年以后依靠水窖。但目前水窖只提供生活用水，还无法满足生产用水。

4.3.3 施甸县农业旱灾适应措施综合分析

农业旱灾是孕灾环境、致灾因子、承灾体三者综合作用的结果，当干旱不可避免形成灾害时，适应旱灾就成为更好的生存法则，而承灾体的适应能力又决定了区域农业生产和农户生活的损失程度和恢复力水平。

通过对施甸干旱灾情数据和农调队调查数据的研究分析，以及实地调研该地区的农业适应措施和效果，可以看到，当地政府和农户经过长期实践的经验积累，总结出了适应当地环境特征的措施和方法，通过各种防灾减灾工作的落实，有效降低了农业旱灾风险，切实减轻了灾害造成的损失。从农户、企业、政府 3 个层面总结归纳研究区域的适应措施。

（1）加强生态建设——改善旱灾孕灾环境适应旱灾

改善生态环境的主要措施就是实施退耕还林工程，2009 年施甸县森林覆盖率提高到了 44.8%，不仅有效涵养了水源，还改善了山体结构，降低了因暴雨可能导致泥石流、山体滑坡的危险。植树造林最著名的善洲林场，是原保山地委书记杨善洲 1988 年退休后回到家乡姚关镇，带领乡亲们在大亮山改造荒山完成的，林场植树造林 5.6 万亩，林木覆盖率达 97% 以上，使之成为姚关、旧城、酒房等周边乡镇重要的水源地，为改善当地的自然环境做出了重要贡献。面对森林破坏带来的水源枯竭问题，还有村民们的自发改造。旧城乡村民们实施退耕还林面积已达 1 万多亩，较好地保证了当地用水需求。人们通过调整自身行为，积极改善孕灾环境，降低旱灾发生的风险，较好地降低干旱带来的不利影响。

（2）调整种植结构——针对致灾因子强度变化适应旱灾

作为施甸县内主要的传统农作物，水稻和冬小麦一直以来产量都较为稳定，但随着人地矛盾的日益突出以及气温升高、降水减少且集中等自然环境的变化，人们不得不改变原来的单一生产结构，调整生产时间。当地农户采取在降水充足的时候种植水稻和小麦，在降水少的时节规模性地种植烤烟等抗旱经济作物的策略，在很大程度上降低了灾前影响。另外，为了缓解人地矛盾，当地根据垂直地带和纬度地带的地域特征调整种植结构，政府和企业落实"坡改梯"政策补贴农户，在坡地种甘蔗，在高纬度山区种植耐旱的烟叶、核桃、茶叶等经济作物。这些措施都是从致灾因子的角度应对旱灾的适应策略。

（3）丰富收入来源——进行灾害风险转移适应旱灾

从经济来源调查结果来看，农户也积极采取措施提高自身的农业旱灾适应能力，通过外出务工增加非农收入，在农忙时节，外出务工的劳动力也会回到农村帮忙，做到农忙、务工两不误，每年获取经济作物和外出务工的收入，即使发生旱灾，严重影响到作物收成，农户还可以有外出务工的收入作为生产生活的保障，很大程度上降低了灾害风险。此外，政府和企业对烤烟和甘蔗种植的政策补贴、农业合作社蔬菜经营收入、农业保险赔偿金、旱灾救济款等非农收入，都极大地提高了农户的农业旱灾适应能力，有效减轻旱灾风险，降低灾害损失。

（4）兴修水利设施——降低承灾体脆弱性适应旱灾

干旱是缺水的表现，旱灾则是进一步影响到人类生活生产的缺水。所以水是解决问题的源头，围绕"水"有诸多的措施。当地政府从 1958 年开始兴修水利工程，在一定程度上缓解了生产生活用水困难。近几年当地政府引进项目投资，为旱情严重的地区修建规格为 24 m³ 的水窖，有效提供用水保障，解决饮水问题。这些水利设施的建成一定程度上保障了当地的天然水源，降低了承灾体的旱灾脆弱性，进一步增强了该地区的农业旱灾适应能力。

（5）提供政策支持——政府增强应急管理能力适应旱灾

针对旱灾生成缓慢且持续时间长、影响不易察觉的特性，当地政府在灾害发生的不同阶段采取积极的应对措施，从旱灾发生前及时地提供抗旱预警和防治信息（主要包括发布可能要发生的旱灾持续期及严重程度，并提醒农户采取蓄水准备或调整种植方式等相关适应性措施来减缓损失），到旱灾发生过程中以及旱灾恢复期及时提供物质、资金、技术等方面的政策支持，都较为显著地支撑起当地应对旱灾的能力，确保了没有发生因旱灾导致的失控状况。

4.4 施甸县农业旱灾动态适应模式

从环境变化和社会发展进程的角度进行划分，将 1950—2013 年分为四个发展阶段，各个阶段都包括了自然环境和人文环境的变化情况，以及相应的政府适应措施和农户适应方式的变化（图 4.23）。其中环境变化、发展需求和适应措施三者相互作用，不同时期互相影响，各个阶段的具体情况如下。

1950—1970 年，气温降水年际、年内整体波动不大，年均温 16.5 ℃左右，年降水量 1100 mm 左右。该时期是一个农业大发展和人口增长的时期，人口数量为 18 万左右，有林地面积约 6 万 hm²，政府大力支持农业发展，兴修水利，保障农业生产用水和生活用水。农作物以种植水稻和冬小麦等粮食作物为主，保障农民基本温饱需求。

1970—1987 年，气候逐渐出现干旱化趋势，气温较上一时期略有增加。降水量年内波动逐渐增大，旱季变干趋势初显。这个时期区域人口快速增长，对土地的承载需求增大，随着 1978 年家庭联产承包责任制的推行，区域内开荒拓地和薪炭需求的快速增加，带来了粮食作物播种面积和产量的大幅增长，林地面积较上一时期减少 2 万 hm²，森林涵养水源能力下降。在这样的背景下，区域内的农户生产用水和生活用水需求增加，山区农户的用水问题突出，因此政府通过修建储水 80 m³ 的小水窖来解决山区村民的生产生活用水问题。另外，在这个时期，开始尝试种植烤烟、甘蔗等经济作物。

1987—2000 年，气候干旱化趋势明显，相比前两个阶段，气温年际波动增大，年均温陡升，1999 年的年均温约 18 ℃。降水量有所减少，但变化不大，降水天数呈减少趋势，极端天气事件发生频率增加，气象干旱风险进一步加剧。随着人口持续增长，从 1992 年的 30 万人口，到 20 世纪 90 年代末增加到 32 万左右时，耕地面积约 2 万 hm²。人多地少，人地矛盾逐渐加剧，原有土地的承载能力逐渐难以支持区域发展的需求。因此政府积极推行"坡

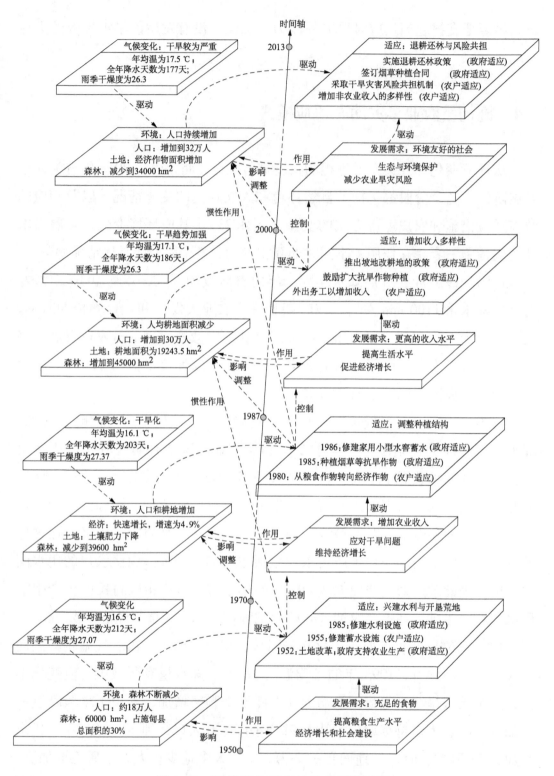

图 4.23 环境变化对应的动态适应过程

改梯"政策，并在 20 世纪末调整区域的种植结构，耐旱经济作物种植面积比重持续增大，逐渐由粮食作物为主向耐旱经济作物为主转变。随着城镇化进程的逐步加快，农户对生活的需求进一步提高，开始外出务工增加非农收入，以此支撑农户生活需求的进一步增长。

2000—2013 年，整体气候干旱化趋势进一步增加，年均温达近五十年以来最高，约 17.5 ℃，降水年际年内波动增大，雨季暴雨集中导致农作物受旱风险增加，且旱季降水天数骤减，加剧旱季干旱程度。这期间人口持续增长，从 1999 年的 32 万人增长到 2011 年的近 34 万人。有林地面积持续减少，土地承载能力下降，森林涵养水源能力显著降低。21 世纪初，在结合当地实际情况的基础上，以生态效益为主，政府采取一系列退耕还林政策，实施退耕地还林、荒山荒地造林、封山育林。相比 2000 年，2010 年疏林地面积大幅增加（表 4.1，图 4.12）。为解决烤烟品种单一、种性退化等问题，政府开始引入国内外烤烟新品种，并与农户签订烤烟种植面积合同进行集中收购，以提高烤烟产量。随着经济发展速度持续增快，经济作物种植面积由不到 1.2 万 hm² 增加至 1.6 万 hm² 左右，增幅较大。这一时期，政府为了解决农户的用水问题，普遍为农户修建家用小水窖。农户开始广泛种植烤烟、甘蔗、蔬菜等经济作物增加农业收入，普遍选择外出务工以增加非农收入的多样性。自退耕还林工程实施以来，研究区域的森林覆盖率、水土保持率得到有效提高，生态恶化状况得到一定遏制。

1950—2013 年，自然环境、人文环境、政府适应措施和农户适应方式在历史的发展过程中一直相互作用。新中国成立初期，政府从发展需求的角度制定农业发展的政策。20 世纪 70 年代，气候出现干旱化趋势，由于人口快速增长带来土地承载需求增加，大量开拓荒地增加耕地面积，大量砍伐林木满足薪炭需求，干旱风险持续增加。气候干旱化对农业生产造成影响，政府开始以村为单位修建小型水利设施，在经济发展的驱动下，人们开始尝试种植经济作物。20 世纪 80 年代末，气候呈现明显干旱化趋势，人口高速增长和经济快速发展，林地面积骤减加剧环境变化，旱灾风险日益增长。在以经济发展为中心的需求下，城镇化进程加快，人地矛盾突出，该地区作物结构从粮食作物调整为以耐旱经济作物为主，以此降低旱灾风险适应当前环境变化。近十几年以来，气候显著干旱，雨季暴雨集中，重特大干旱事件频繁发生，政府积极开展退耕还林还草。由于干旱影响程度不断增大，在积极发展农业生产的同时，为了提高收入的多样性，农户开始主动采取外出务工等适应措施。政府为了解决农户生产生活用水问题，普遍修建家用小水窖。在整个发展进程中，政府和农户一直都在主动或者被动地采取措施适应环境变化，或者调整现有措施以适应环境变化带来的影响，是一个动态的发展过程。

环境变化、发展需求以及适应措施三者之间相互作用，使区域自然—社会—经济复合生态系统处于一个动态平衡之中。气候变化引起自然环境和人文环境变化，环境的改变刺激发展需求的变化，其中发展需求包括农户的生活需求、政府的生产需求和区域整体的发展需求。环境和需求的变化使得政府和农户不断调整策略和措施以适应这些变化，政府和农户的适应策略支持着社会稳步发展，但这些措施同时也对环境的变化方向和程度产生影响。在发展需求的驱动下，人地关系矛盾日益突出，区域生态系统脆弱性增加。同时，气候的变化导致致灾因子的危险性加剧，增加农业旱灾风险。有效的适应措施和政策支持能够一定程度上降低农业旱灾风险，增强区域农业旱灾的适应能力。未来，农户和政府应该加强对农业旱灾的主动适应，积极协调发展需求与环境变化两者的关系。

4.5 本章小结

人类经济社会不断发展的过程，也是人们对自然环境不断改造和利用的过程，这个过程对自然环境造成巨大的影响和变化，反之孕灾环境的不断变化同样会直接影响人类社会经济活动，增加灾害风险。因此，为了能够适应干旱气候带来的影响，人们需要采取有效的适应措施和方法平衡好生态环境变化和经济发展需要二者之间的关系，在适应环境变化的过程中与灾害风险共存，最终达到人与自然的和谐发展。本章从以下三个方面对施甸县农业旱灾情况开展了研究。

（1）进行施甸县农业旱灾适应能力评价。本章通过运用投影寻踪 PPE 模型，并基于改进的遗传算法（RAGA）优化投影方向，实现多指标的农业旱灾适应能力分类，建立了基于乡镇尺度的农业旱灾适应性等级评价模型。对施甸县农业旱灾适应性进行评价，结果表明：总体上施甸县各乡镇的农业旱灾适应能力处于波动上升的趋势，不同乡镇由于其气候环境、地形地貌、地理区位等不同因素造成农业旱灾适应等级存在差异性；2000 年以后整个区域适应性有增强的趋势，但不排除大灾年份旱灾损失较重并超过以往，也进一步表明当地政府和农户还需要增强适应能力。

（2）进行环境变化、发展需求和适应措施变化关系分析。环境变化刺激着发展需求的变化，同时引起农业旱灾的适应措施发生相应的改变；而人类采取的适应措施又会反向影响环境的变化方向和程度。需求变化是导致三者变化发展的主要驱动力，而适应的策略不断地协调着环境变化和发展需求。每一个适应措施都影响地区发展和环境变化，不断调整的适应措施使区域能够维持在一个相对稳定的状态，从而实现持续的发展。在区域发展过程中，环境变化增加了农业旱灾风险，而有效的适应策略能增强区域适应能力，降低农业旱灾风险。

（3）进行施甸县农业旱灾适应情况的实证分析。通过对施甸县的农业旱灾适应情况进行实证分析，环境变化、发展需求和适应措施之间的关系得到进一步验证。在气候变暖和人地矛盾加剧的背景下，区域内政府和农户长期以来都主动或被动地采取适应措施以实现与旱灾风险的共存。

参考文献

邓岚，马箐，王俊，等，2014. 农业旱灾适应性综合评价分析——以云南省施甸县为例 [J]. 灾害学，29（2）：102-108.

马箐，邓岚，王志强，2013. 区域农业旱灾适应能力浅析 [J]. 中国减灾（3）：37-39.

第5章 雨养农业旱灾政策性保险的理论思考

5.1 旱灾政策性保险的含义

5.1.1 农业保险与农业旱灾保险

农业保险是指农业生产者以支付小额保险费为代价，把农业生产过程中由于灾害事故造成的农业财产损失转嫁给保险人的一种制度安排（庹国柱等，2014），农业旱灾保险是农业保险中的旱灾责任部分。包括农作物保险中的旱灾责任部分，以及一些附加保险中的旱灾责任（邓自圆，2013）。目前的农业旱灾保险也包括在一些地区试行的天气干旱指数保险，但这种保险产品目前还处于调研阶段。

5.1.2 商业性农业保险与政策性农业保险的关系

目前我国开展的农业保险业务以商业性保险为主，政府的参与程度不高。商业性农业保险依靠市场机制运营，农户直接向保险公司支付保费，公司依据合同规定向农户提供赔偿。在商业性农业保险系统里，保险公司的经营以盈利为目的，农户的需求受保费高低、风险程度等因素影响，以使自身损失最小化为目的（图5.1）。

目前商业性农业保险面临"供需双冷"的问题（丁少群等，1997），即一方面，农民收入水平低而保险费用高导致农业保险有效需求不足；另一方面，保险公司经营农业保险的成本高和收益低导致其不愿开展相应保险险种，使商业性的保险公司经营农业保险难以成功。因此，农业保险需要政策性的支持。政策性农业保险是在商业性农业保险中引入政府行为，政府通过给农业保险以法律、经济和行政支持，运用农业保险的方式，为农业提供较全面的风险保障，是以整个国家的宏观经济利益和社会利益来衡量和考察的，追求的是国家经济效益或社会效益的最大化（庹国柱等，2014），从而促进国家整体的农业发展，保障国家粮食安全。

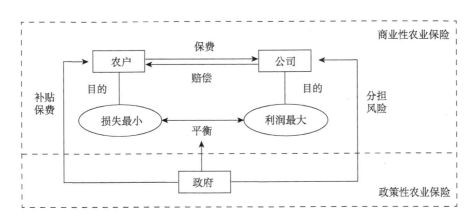

图 5.1　商业性农业保险与政策性农业保险的关系

5.1.3　农业旱灾政策性保险的意义

农业旱灾保险的目的是转移农业旱灾风险，从而保障农民收入稳定，以提高农业经济的稳定性，维护国家粮食安全。雨养农业地区由于无灌溉条件，极易受到干旱灾害的影响，而旱灾在时间上具有偶发性，在空间上具有区域性，且易形成巨灾。因此能够在时间上和空间上分散旱灾风险。农业旱灾保险成为适应旱灾风险的最佳手段。

旱灾具有分布范围广，区域性强的特点，易造成大范围的损失，保险公司受其经营范围的制约，使旱灾保险有时难以通过空间分散。尤其是雨养农业地区由于无灌溉条件，因而受干旱天气影响程度更大，旱灾风险更大，且易形成巨灾；同时，雨养农业地区面临贫困问题，农民收入水平更低，对农业保险的有效需求更低，成为农业旱灾保险的"供需双冷"地区，需要考虑以政策性保险支撑其农业发展。本章研究雨养农业地区的旱灾政策性保险，通过分析我国旱灾保险的现状及存在的问题，提出构建我国旱灾保险体制的建议（图5.2）。

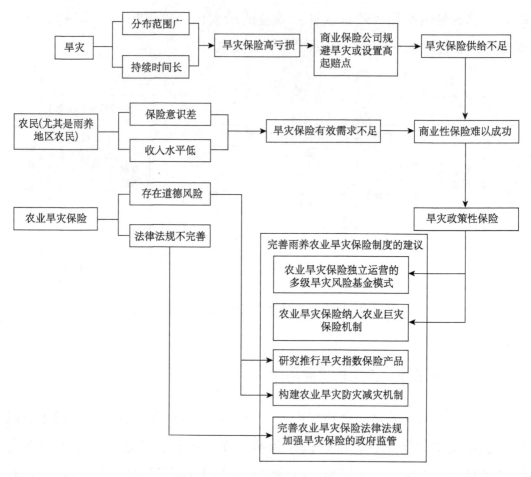

图 5.2 雨养农业旱灾政策性保险的理论思考框架

5.2 我国农业旱灾保险的发展现状

5.2.1 我国农业灾害保险概况

农业保险狭义上指种植业、养殖业和林业的农业灾害保险。农业灾害一般意义上指农业自然灾害。中国是世界上自然灾害最多、强度最大、频次最高、受灾最严重的少数国家之一。旱灾在我国各种灾害所造成的受灾面积中所占比例最大，平均约50%，是我国影响面积最大、损失最为严重的灾害（程静，2013）。我国自从1982年以来恢复农业保险业务，开始逐步试办多种作物险种，并探索多种经营模式。从1996年开始，农业保险在商业保险体制中发展，停办了一些长期亏损的险种，提高了农业保险的业务质量和效益，但农业保险的业务规模开始逐年下降（庹国柱等，2014）。从2004年开始，中央一号文件连续多年都对农业政策性保险提出要求，农业保险进入复苏阶段，业务规模逐年上升（图5.3）。

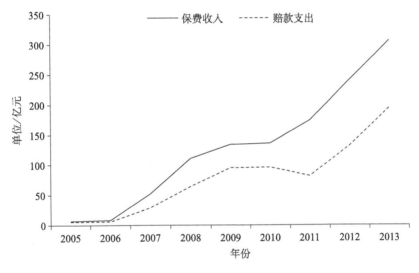

图 5.3　2005—2013 年农业保险经营状况

资料来源：中国保险年鉴编委会编《中国保险年鉴》

至2014年，全国已有26家保险公司经营农业保险，全国所有省区均有农业保险业务经营，其中承保我国农业保险最主要的经营主体是中国人民财产保险股份有限公司（简称"中国人保财险"）和中华联合财产保险股份有限公司（简称"中华联合"），均为综合性保险公司。除此之外承保农业保险的主要经营主体还有四家专业性农业保险公司（安信、安华、阳光互助、国元），一家中外合资公司（中航安盟财产保险公司）和一个协会（中国渔业互保协会）（龙文军，2014）。由政府设置保险监督管理委员会（简称"保监会"）对保险事业进行监督管理（图5.4）。

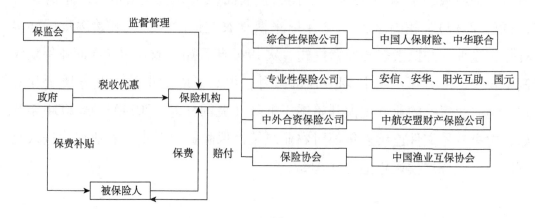

图 5.4　我国农业保险体制

2013年3月1日，《农业保险条例》开始实施，填补了我国《农业法》和《保险法》未涉及的农业保险领域的法律空白。条例明确了农业保险的原则和经营主体，并提出保费补贴、税收优惠、建立巨灾风险分散机制等措施。但其未对农业保险如何推行作具体规定，也未理清农业保险中各主体的职能，对于各主体如何分工协作并未作出具体规定，对巨灾风险分散的相关规定也有很大缺失，对如何进行风险调查、厘定保险费率、明确补贴额度等具体内容未作规定。我国农业保险法律法规还有待完善。

目前我国的农业保险产品以多重风险保险为主。多重风险保险是指以一份保单保障涝灾、旱灾、冻害、风灾等多种自然灾害风险（魏华林，2010）。这种模式保障灾种多，有利于政府补贴，但同时容易引起因伴生灾害导致的同一时间，同一地区大量的赔付，从而放大了保险人的承保风险，使保险公司容易面临较大亏损；另外，这种模式也容易面临较大的道德风险。

5.2.2　我国农业旱灾保险经营模式

目前我国的农业旱灾保险经营模式主要还是包含在农业保险的经营模式下，根据政府的干预方式和程度，可以分为政府无为模式、政府主导模式和政府引导模式（李新光，2016）。政府无为模式中政府对农业保险的参与度低，基本上属于商业保险模式；政府主导模式主要是由政府直接经办或提供政策补贴等政府在农业保险中起主导作用的模式，产品以供给为导向；政府引导模式下，政府的主要作用是完善农业保险的体制机制和法律法规，更多依靠市场机制，产品以需求为导向。

根据具体的经营方式，目前已经形成了以下 7 种中国特色的"政府支持下的保险机构经营农业保险业务"的经营模式（龙文军，2014）：政策支持、多家公司参与模式（图5.5），多家保险公司组成共保体经营模式（图5.6），政府和保险企业联办共保模式（图5.7），农经部门参与、保险企业经营模式（图5.8），独家专业农业保险公司经营模式（图5.9），中外合资保险企业经营模式，互助合作保险机构经营模式。

以北京市为例的"政策支持、多家公司参与"模式中，政府主要承担建立相应的保险制度、建立协调机构、提供政策支持和建立巨灾风险分散机制的工作，参与农业保险的保险机构有中华联合、安华农险和华农保险等公司，政府为保险公司提供一定的经费补贴，并进行监督评估，为农户提供一定的保费补贴。这种模式保持了一定的市场性，由政府建立了巨灾风险分散机制，有利于风险的分散，有利于提高农业保险的保障水平。

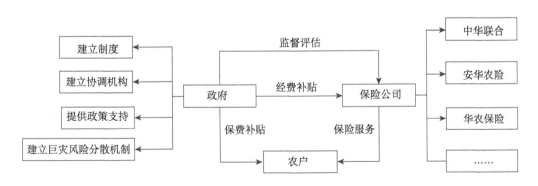

图5.5 北京市政策支持、多家公司参与模式

浙江省"多家保险公司组成共保体经营"模式，由政府和共保体统一协调农业保险，中国人保浙江分公司为"首席承包人"，负责农业保险业务具

体运营，其他保险公司为"共保人"，不具体经营农业保险业务，而是提供共保份额，共同承担风险。"共保体"模式商业性强，政府发挥作用不大。

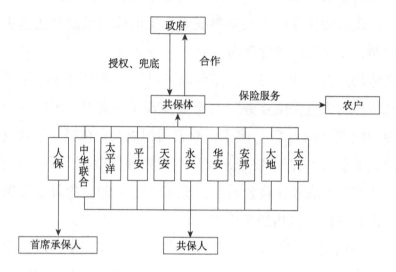

图 5.6 浙江省多家保险公司组成共保体经营模式

以江苏省为代表的"政府和保险企业联办共保"模式，由保险公司负责农业保险业务运营，政府部门协助参与，并对保险公司进行监督检查，保险公司和地方财政分别设立农业保险账户，出险时双方按比例分摊赔付。

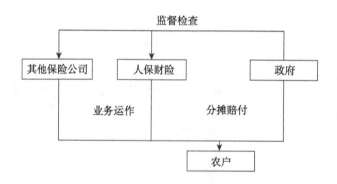

图 5.7 江苏省政府和保险企业联办共保模式

以吉林省为例的"农经部门参与、保险企业经营"模式，由各级农经部门协助保险公司开展农业保险业务，依靠农经部门的专业技术人员优势，农民对其信任度高，协助保险公司宣传和收取保费，由保险公司负责具体业务的运营，农经部门获得一部分保费作为经费。这种模式有效提高了农民的投保积极性，一定程度上减轻了农业保险有效需求不足的问题。采取这种模式的省份还有黑龙江省和辽宁省。

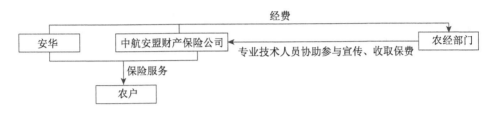

图 5.8　吉林省农经部门参与、保险企业经营模式

以安信农业保险公司为例的"独家专业农业保险公司经营"模式，依靠国家政策支持，运营政策性农业保险，同时也经营财产、责任保险等其他商业性保险业务，通过商业性保险的收益弥补政策性农业保险可能带来的亏损，实现"以限养险"。公司还可以通过再保险和财政救济，减轻巨灾带来的巨大亏损，有利于风险的分散，提高保障水平。

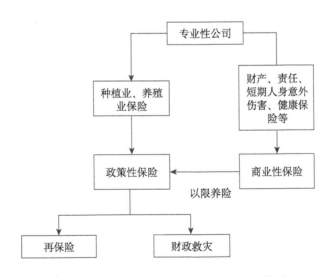

图 5.9　独家专业农业保险公司经营模式

可以看出我国农业保险各地有其特色的经营模式，大部分地区的农业保险都有政府一定程度的参与。政府主要从政策、财政、技术等方面对农业保险进行支持。政府的财政支持能在一定程度上增加了农户投保和保险公司的积极性，提高保障水平，但单独对保费进行补贴则会导致农户对政府的依赖性增大，从而在防灾减灾上消极应对，并带来很大的财政负担。同时，由于保险公司规避容易造成较大亏损的风险，各地农业保险覆盖范围有限，不足以在空间上分散巨灾风险，巨灾风险分散机制有待建立。

5.2.3 我国农业旱灾保险产品现状

目前，我国的农业旱灾保险主要是将旱灾纳入农业保险的保险责任中。由于旱灾发生范围广，持续时间长，容易在短时间内对同一地区造成大量损失，再加上旱灾保险尚未覆盖全国所有地区，且在单份保单中，保险公司设置的旱灾起赔点多比其他灾害责任高，导致我国农业旱灾保险目前的保障水平很低。

我国从 2009 年开始发展天气指数保险，首款农作物旱灾指数保险产品在安徽省长丰县部分乡镇开展了试点工作，近年来，我国各大保险公司陆续推出干旱指数保险产品（表 5.1）。

表 5.1　我国已推出的干旱指数保险产品

省市	经营主体	保险标的	风险事件	测量指数
安徽	国元农业	水稻、小麦	干旱、高温	降水量、温差
辽宁	中航安盟	玉米	干旱	降水量
山西	中煤财险	玉米	干旱	降水量
浙江	共保体	水稻	高温、干旱	综合气象干旱指数
北京	中华财险	玉米	干旱	降水量

干旱指数保险是单独对干旱天气进行保险的单一风险保险，基于区域实际干旱指数与承保干旱指数之间的差距进行赔付。承保干旱指数则依据区域内干旱指数与农作物产量的长期历史数据的关联度而制定（Skees et al.，

1997）。当实际干旱指数超过承保天气指数的范围时，无论作物实际产量是否受到损失，都实行赔付。魏华林提出以下赔付金额计算方法（2010）：

赔付金额 =（实际指数 − 承保指数）× 单位指数保险金额 × 投保面积

目前，我国旱灾天气指数保险也取得了一定的发展，已初步形成农业部门、气象部门、农业保险公司、国际组织等多方参与天气指数保险试点的良好局面，但多数项目尚处于研究阶段，实践案例较少。

5.2.4 我国农业旱灾保险问题

5.2.4.1 供需双冷

我国农业旱灾保险的有效需求不足：一方面，我国农民收入水平低，对农业保险的支付能力不强，尤其是雨养农业地区农民贫困问题更严重，难以承受高昂的保费；另一方面，农户对农业保险的认识不够，对保险公司缺乏信任，再加上农民对农业灾害存在侥幸心理，农户间存在从众心理，导致其对农业保险的投保意识不强。

农业旱灾保险的有效供给不足：我国的农业保险主要以省级行政区为单元推进，而旱灾风险发生范围广，容易导致整个省区农作物受损，从而需要大量赔付，增加保险公司负担，因此商业性农业保险容易亏损。同时雨养农业对气候具有很强的脆弱性，因此更易受到干旱的影响，导致巨大损失，形成巨灾。而保险公司为了规避风险，往往限制在这些地区的农业保险展业，造成这些地区农业保险的有效供给不足，使得雨养农业的保障水平很低，脆弱性更强。

全国性或跨地域保险机构更适合对旱灾等大区域性的灾害事件进行承保，而目前由于旱灾保险体制不健全，保险机构受经营范围限制，对于旱灾的承保未能达到减轻农业生产损失的要求，旱灾保险仍是高亏损的保险业务，目前我国很多旱灾事件主要依靠政府救济，而政府救济的资金分配具有较强的主观性，在灾后的紧急情况下，无法对各地受灾情况进行准确的统计，财政补偿较高也会导致人们对政府救济产生较大的依赖性，而不是将重点放在生产自救、灾害预防上，势必给国民经济后续发展带来不利影响。而保险补偿具有补偿资金分配较为客观、使用效率高的优点，能够减轻财政负担，有利于国民经济后续发展。保险赔偿的方法不仅在灾后恢复重建的融资方面发挥重要作用，而且是灾害预防的重要手段。目前我国巨灾保险赔付比例远低于全球水平，灾害保险的供给十分有限，而旱灾保险有时被规避在保险责任范围之外，或设置更高的起赔点，其供给更加有限。

5.2.4.2　模式欠缺

我国农业保险已形成多种经营模式，而旱灾保险多与其他灾害保险一同纳入其中，忽视了农业旱灾易致巨灾的特点，尤其对于雨养农业地区，缺乏具体针对旱灾的政策性保险模式，以保障农户及保险机构双方的利益。我国旱灾风险具有地区差异，对应需要因地制宜的发展各地区的旱灾保险模式，同时需要发展中央—地方多层次的旱灾保险模式。

5.2.4.3　法律空缺

旱灾保险仍处于法律空缺之中，旱灾保险体制的主要内容、主要的运行机制、具体业务（如风险调查、保费厘定等工作）的开展，以及巨灾风险转移机制、再保险和共同保险机制的推行等问题，都需要完善法律法规以作出相关规定。法律的不完善将导致保险公司经营组织、推行保险产品等各方面制度规范的欠缺，各地保险模式运行的不合理，进而影响我国农业旱灾保险的发展。

5.3　国外旱灾保险发展情况

5.3.1　美国公司主导的保险模式

美国是全球最发达的现代化农业大国，虽然农民人口仅占不到全国2%的人口，但已经是世界上最大的农产品出口国。世界各国进口的粮食有一半来自美国。美国高度发达的农业与政府推行的农业保险制度密不可分。

美国的农业保险制度发展经历了三个阶段，由政府组建保险机构完全承担保险事项，到政府与保险公司合作办理，再到目前政府只提供补贴，具体经营由保险公司承担的阶段。最终，美国形成了以扶持为主导思想，以立法保障和经济支持为主要手段的方针政策。政府向承办农业保险的私营保险公司提供保费补贴、费用（包括定损费）补贴、再保险支持和税赋上的优惠，并承担联邦农作物保险公司的各项费用，以及农作物保险推广和教育费用。现在，美国已形成了多种农作物风险保险、收入保险、团体风险保险、冰雹险四大类并存的农业保险体系，而政府几乎已经完全退出了农业保险业务（龙文军等，2002）。

5.3.2 欧洲自愿互助的保险模式

欧洲的农业保险由互助保险公司和私营保险公司经营，政府不干涉农业保险的业务，但对农业保险的部分产品给予保费补贴，向互助保险实行免税优惠措施。法国农业保险模式是德国、西班牙、荷兰等欧盟国家经营农业保险的典型代表。法国安盟公司（Groupama）占国内农业保险市场份额的57%。该公司是由农民发起的互助合作社联合组建而成，互助合作社承担互济互助、融资和生活福利三种功能。农民既是出资方又是被保险人，由于农业保险的盈利水平低，因此互助公司还通过人寿和财产保险等涉农保险业务筹集资金，目前安盟已成为欧洲最大的农业保险公司。法国政府对农业保险进行立法支持，并提供一定的保费收入补贴，但法国保险公司承保的大部分农业保险产品不享受政府的保费补贴，只有多风险农作物保险、冰雹保险等少数产品得到政府的财政补助。然而，私营保险公司对巨灾的赔付能力是有限的，因此，政府也专门成立了农业灾害国家基金用于重大自然灾害的理赔（王韧，2011）。

5.3.3 日本农业共济的体制模式

日本农业保险业务的经营主体既不是政府设置的保险机构，也不是私营保险公司，而是民间建立的、不以盈利为目标的互助性农业保险机构，即保险相互会社。日本的互助式农业保险体系由三个层次构成：村一级的农业保险共济组合；府、县一级设置的农业保险共济组合联合会；农林省建立的农业共济再保险特别会计处。村一级的农业共济组合是日本基层互助保险机构，直接向分散的农民提供农业保险服务，收取保费，建立保险基金，并向受灾农民支付赔偿资金。对于巨灾风险，日本采取了两级分保的再保险分散体系。第一级分保是由府、县设立的农业保险共济组合联合会向村级的农业保险共济组合提供再保险。第二级分保由中央政府提供再保险，即政府建立了农林省一级的农业共济再保险特别会计处，负责向府、县级联合会提供分保。再保险特别会计处只对法定的保险项目进行超额赔款再保险（周建华，2005）。

此外，日本还建立了农业保险补偿基金，实施灵活的贷款措施。中央政府和农业保险共济组合联合会以50%的比例投资组建了农业共济基金。在重灾年，如果联合会的资金不足以赔偿农作物损失，农业共济基金将向联合会提供低息贷款。由于联合会在灾后的正常年份将累积大量的分保收入，因此具备偿还贷款的能力。这种以少量的资金应对偶发巨灾的措施，提高了资金的利用效率，增强了农业保险体系对巨灾的承受能力（邓道才等，2015）。

在大部分国外的灾害风险管理中，政府是最后剩余责任的承担者而非第一承担者，自然灾害风险主要由商业保险承担，通过扩大承保范围、完善再保险机制来分散风险，吸引资本降低保险费率以提高参保率等方法完善灾害管理体系，对我国建立和完善灾害保险体系有很大的借鉴意义。

5.4 完善我国雨养农业区旱灾保险制度的建议

5.4.1 完善农业旱灾保险法律法规

我国应结合全国各地旱灾风险的特点，稳步推进农业旱灾保险法律体系的建立，加快完善农业旱灾保险体制，对农业保险各项工作做出具体的规范。鼓励相关法律法规的调查研究，尽快出台完善具体的农业保险法，并加强相应的政策宣传，提高农民的投保意识和各级领导者的重视。同时应该加快对雨养农业地区旱灾保险的研究工作，使农业旱灾保险体制、机制和具体业务得到法制保障。

5.4.2 建立独立运营的多级旱灾风险基金模式

鉴于雨养农业区旱灾保险主要面临的是农民支付能力不足，有效需求不足，和易产生大量赔付的问题，可将旱灾保险进行单独核算，独立运营。一方面政府需要对农户给予旱灾保费补贴，补贴额度依据该地区对旱灾的脆弱性确定；另一方面各级政府分别成立国家—省—县级旱灾风险基金。基金主要由每年的财政投入和农户旱灾保费两部分组成，由商业保险公司负责经营管理，并从中获取必要的经营管理费用，政府对保险公司进行监督。出险赔付按照由下而上出动基金，将旱灾风险尽可能地在时间和空间上分散（图5.10）。

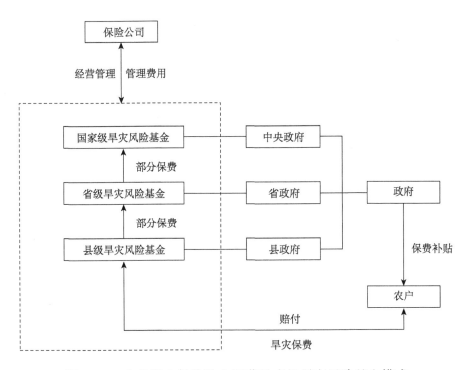

图 5.10　农业旱灾保险独立运营的多级旱灾风险基金模式

农业旱灾保险独立运营由政府主导，保险公司进行经营管理，建立各级旱灾风险基金，尽可能地将由于旱灾分布的广泛性和时间的持续性而导致的大量赔付向全国分散，降低商业保险公司的风险。政府根据不同地区的经济发展情况和旱灾脆弱性程度确定不同的补贴标准，如对雨养农业地区给予更多的保费补贴和基金投入，对农业经济发达地区减少补贴投入，以应对不同地区农业保险发展程度的差异性。

5.4.3　构建农业巨灾保险机制

构建农业巨灾保险机制，将旱灾纳入巨灾保险当中。建立巨灾风险承担体多元化的机制，将巨灾最大限度地分散到全国乃至国际范围。通过构建包括参保农户、保险公司、中央和地方各级财政、再保险公司、共保公司和国外保险公司的巨灾风险承担体系，建立县级—省级—国家级巨灾风险基金的方式，完善农业保险巨灾风险管理机制，尽可能地将雨养农业地区的旱灾风险向全国范围分散。

巨灾保险机制需要政府和商业共同推动。目前我国的巨灾保险不是一片空白，但发展较为缓慢，巨灾保险的供给十分不足，随着农民收入的不断提高，巨灾保险的潜在需求在不断上升。随着国家对巨灾保险越来越重视，洪水、地震以及农业保险等巨灾保险相关研究正逐步进行，旱灾作为易引发巨灾的自然灾害，可将其纳入农业巨灾保险机制中完善。

5.4.4　推行多样化的旱灾保险产品

各地可根据本地区的发展特征，研究推行多样化的旱灾保险产品，如在雨养农业地区推行旱灾指数保险（天气指数保险的一种）。雨养农业地区的旱灾风险与天气直接相关，因此可鼓励研究和推行雨养农业地区的旱灾指数保险。

天气指数保险具有标准化程度高、理赔流程简单容易、产品较稳定等优点，尤其是投保人不能影响天气，当旱灾发生时，被保险人无论受不受灾都会获得赔偿，因此能够提高农户防灾、减灾的积极性，从而降低"道德风险"。

天气指数保险最主要的缺点是基差风险，即保险指数和被保险人的损失之间可能存在偏差，主要体现在两个方面：一是损失可能由病虫害等天气以外的因素或其他气象灾害引起，而不是由天气变动指数导致，会造成受损农户得不到赔偿；二是气象站所测的天气指数可能和农作物所在地区的天气指数之间存在偏差，从而导致受损农户得不到赔偿，未受损农户却得到赔偿的情况发生。同时天气指数保险也面临数据量不足、数据处理难度大、气象模型复杂等技术上的局限性，业务的推行有待进一步研究。

5.4.5　构建旱灾防灾减灾机制

国家要鼓励风险评估、监测及相关技术的研发，建立适应我国自然条件和社会经济条件的信息系统，综合分析、准确反映旱灾风险状况，进行科学的风险分类、评估，制定风险应对方案。要建立效率和效益并重的监管机制，注重培养旱灾等灾害保险和灾害监测的专门人才。

政府可以鼓励保险公司将资金用在灾前预防工作上，采取科学的减灾措施，减少灾害发生的可能性，从而更加有效地降低损失。各地保险分公司可以和当地气象局、水利局等政府部门合作，建立旱灾等灾害监测预警机制，通过电视、网络、手机短信等信息传播方式为农户提供风险预报信息，直接减少灾害损失。同时保险公司应通过相关部门提供的当地气象灾害信息和资料，对现有的保单条款内容进行修改和完善，以适应当前的自然条件和社会经济发展现状。

5.4.6　加强旱灾保险的政府监管

政府作为社会发展的保护伞，在我国现代化大农业建设、开展农业保险工作阶段，作用是必不可少的。保险监管部门应积极与有关部门沟通协调，争取在立法、税收、再保险等方面给予支持。另外，监管部门应在规范性操作上给予指导和支持，保险监管部门可成立农业保险监管部，协调有关的国民经济部门，履行监管职责。保险监管部门应与相关部门进行合作，对农业保险的性质、经营目标、保障范围、保障水平、组织机构与运行方式、管理原则、各级政府职能、农民的参与方式、税收规定、再保险机制、政府各部门协调机制等方面以法律的形式进行规范，做好农业保险立法和相关管理制度的出台。同时，政府应对农业保险过程中的合法合规性进行监督，对保险公司执行法律和协议的情况进行检查和监督。

5.5　本章小结

20 世纪 90 年代以来，在全球气候变化的大背景下，自然灾害事件发生频率增大，对我国的社会经济发展也构成了严重的威胁。保险作为分散风险的有效机制，对减轻灾害损失，加快灾后经济恢复，以及灾害的预防等多方面都有十分重要的作用。但我国农业灾害保险发展起步晚，且发展过程曲折，到目前尚未建立健全自然灾害保险制度。同时，长久以来我国农民形成了靠天吃饭的意识，对农业灾害存在着很大的侥幸心理，特别是购买保险后如果没有发生灾害，就会认为自己吃了大亏，缺乏对灾害风险的正确认识。此外，由于国内购买农业保险的农户较少，商业保险公司开展自然灾害保险的积极性也不高，如此恶性循环严重制约了我国自然灾害保险的发展。

旱灾是我国主要的农业自然灾害，其发生的频率大，影响范围广，持续时间长，极易造成大规模的损失。同样作为政策性保险，旱灾保险的推行不能像一般的农业保险，单纯以省级行政区单元进行推进，只需各省（区、市）自行制定相关政策。而旱灾的发生常常跨越几个省份，其保险分散机制的制定应从国家层面上进行考虑，将灾害风险损失在尽可能大的范围内分摊，建立中央和地方、政府和市场共同分担的风险分散机制，建立旱灾独立运营的风险分散机制或将旱灾风险纳入巨灾保险体制中，加快建立巨灾风险分散机制，并鼓励研究和推行多样化的旱灾保险产品，如天气指数保险，尽可能地将风险在时间和空间上分散。目前我国的农业旱灾风险主要靠农户自己承担或政府救济，但国家财政能力有限，很难满足日益增长的灾害保障需求，农户自身承担着大部分的灾害损失。雨养农业生产的巨大风险和农户承担风险的巨大压力迫使我国急需建立完善的农业旱灾保险体制。

参考文献

程静，2013. 农业旱灾脆弱性：测度、影响与政策干预［M］. 北京：科学出版社.

邓道才，郑蓓，2015. 我国"合作社式"农业保险模式探究——基于日本农业共济制度的经验［J］. 经济体制改革（4）：184-189.

邓自圆，2013. 农业旱灾风险管理：自我保险与农业旱灾保险［D］. 四川：四川农业大学.

丁少群，庹国柱，1997. 我国农业保险的试验及评价［J］. 调研世界（5）：41-43.

李新光，2016. 中国农业保险经营模式研究［D］. 吉林：吉林大学.

龙文军，吴良，2002. 美国农业保险的发展历程和经验［J］. 世界农业（3）：10-12.

龙文军，2014. 中国特色的农业保险经营模式研究［J］. 中国保险（4）：19-22.

庹国柱，李军，2014. 农业保险［M］. 北京：中国人民大学出版社：33.

王韧，2011. 欧盟农业保险财政补贴机制及启示［J］. 求索（5）：35-37.

魏华林，2010. 天气指数保险与农业保险可持续发展［J］. 财贸经济（3）：5-12.

周建华，2005. 日本农业保险发展概述及启示［J］. 湖南农业大学学报：社会科学版，6（5）：32-34.

SKEES J R，BLACK J R，Barnett B J，1997. Designing and rating an area yield crop insurance contract［J］. American Journal of Agricultural Economics，79（2）：430-438.

第6章 结论与展望

6.1 结论

雨养农业是我国农业生产的一种重要形式，相较于灌溉农业，其对天气和水文条件的依赖性更大，因此受旱灾的影响也更为严重。在雨养农业生产地区，旱灾导致农作物减产、农户食物短缺、农民收入减少、农业生产能力下降、生态环境遭到破坏，地区的经济发展受到严重的制约。近年来，灾害适应性研究越来越受到国内外灾害研究领域众多学者的关注。随着旱灾发生的频率和程度不断增加，在灾害形成过程中提高承灾体的适应能力将是降低灾害风险、减少灾害损失和实现可持续发展的重要策略之一。

本书在前人研究的基础上，对农业旱灾与粮食安全问题进行回顾，整理了国外及国内雨养农业区的分布状况，从雨养农业地区的旱灾形成和影响入手，分析农业旱灾适应的机制，发现在气候变化背景的驱动下，环境变化、发展需求和适应措施三者相互作用、互相影响，共同维持着地区农业发展的平衡。随着全球地表气温的持续升高和极端天气事件的频繁发生，自然环境的稳定性不断下降，同时人口的增加和社会经济的发展，对农业生产提出了更高的要求。面对环境变化和经济发展的双重压力，政府和农户所采取的适应措施显得尤为重要。通过采取合理有效的适应措施，环境与发展的关系能够得到协调，农业生产和生活也才能随之正常进行，农业旱灾风险才能得以控制，甚至降低。因此，在区域农业旱灾系统中，农业旱灾风险（R）的大小，是环境（E）、需求（D）和适应（A）三者共同相互作用的结果，而适应在这个关系中起着调节杠杆的关键作用。要制定科学合理的适应策略，首先需要对地区的适应能力和适应情况进行评价，对研究区的自然条件、农业发展水平、作物种植结构以及农户收入及抗旱意识等进行调查，评估研究区生态环境、经济和社会对农业旱灾的适应程度，从而发现现有适应过程中的问题，及时调整并提出相应的对策，从环境的适应、发展的控制和制度的建立等方面建立适合当地农业发展的农业旱灾适应模式。

本书分别选取了中国北部典型雨养农业区——山西大同市和中国南部典型雨养农业区——云南施甸县作为研究区，对区域的农业旱灾适应情况进行适应性评价和实证研究。研究结果进一步验证了本书提出的环境变化、发展需求、适应措施三者相互作用相互影响的农业旱灾适应机制。最后，本书对农业旱灾适应重要措施的农业旱灾保险进行了一些探讨，提出了构建我国农业旱灾保险制度的政策建议。

本书通过对中国雨养农业区的适应性评价与策略进行研究，主要得出以下结论：

（1）我国雨养农业地区旱灾问题突出，农业旱灾适应是减少灾害风险、实现地区可持续发展的重要途径之一。

雨养农业是仅靠自然降水作为水分来源的农业，对气候的变化十分的敏感，因此极易受干旱灾害的影响。我国南北农牧交错带上分布的典型雨养农业区干湿波动明显、降水量少且不稳定，干旱灾害频发，区域生态环境和经济发展都受到严重影响。作为自然界一种自发存在的处理、响应和调整的能力，适应能够有效地降低系统的脆弱性，加强系统对灾害的应变能力。农业旱灾是一种具有渐发式、累进式特征的灾害，自然界的不断变化和人类的长期作用共同促成了旱灾的形成，城市化的过程使得农业发展中的人地矛盾更加突出，生态系统更加脆弱，人类系统对环境变化的承受能力下降。在地区发展的过程中，通过采取有效的适应措施，可以在一定程度上扩大人类社会系统的承受阈值，降低灾害带来的影响，实现与旱灾风险的共存，从而促进区域的可持续发展。

（2）农业旱灾适应的关键是处理好环境变化、发展需求和适应措施三者的关系。

农业生产的各个环节都与自然环境条件息息相关，自然界中的光、温度、水分、二氧化碳、无机盐等要素相互联系，综合影响作物的生长和发育。人类经济社会不断发展的过程，也是人们对自然环境不断改造和利用的过程，这个过程对自然环境造成巨大的影响，同时也严重影响着雨养农业地区农业生产的发展。因此，自然环境的不断变化也制约了地区的社会经济发展需求，使人类的发展需求必须控制在资源和环境的承载力之内。环境变化、发展需求和适应措施相互影响，共同维持着地区农业旱灾系统的平衡，农业旱灾适应的关键是处理好环境变化、发展需求和适应措施三者的关系。

（3）旱灾适应性评价是研究旱灾适应的切入点，适应对策分析是开展适应工作的重要基础。

旱灾适应性评价是研究旱灾适应性的切入点。通过收集地区的气候变化数据、土地利用数据、社会经济数据和政策保险数据等，参照农作物旱灾适应性评价指标体系、农户旱灾适应性评价指标体系和区域旱灾适应性评价指标体系，对农作物、农户及区域的农业旱灾适应情况进行评价，从而较全面地了解地区受旱灾的影响情况，发现当前适应中的不足，及时提出和调整当前适应措施。然而，适应措施的作用往往具有不确定性，且需要一个较长的时间才能体现其效果。加上环境变化的扰动，使得选取的适应策略很难保证其正确性和有效性，因此需要对不同的适应策略进行评估和抉择。一方面结合区域的旱灾系统脆弱性和相关适应经验对已采取适应措施的效果进行反馈，另一方面利用气候模型和情景驱动方案研究未来可能的旱灾环境。综合考虑两者的评估结果选择最佳的适应策略，并将适应策略与地区发展规划和战略结合起来，从而科学有效地开展农业旱灾适应工作。

（4）推行农业旱灾保险是当前适应旱灾风险的重要措施，构建我国农业旱灾保险制度势在必行。

保险作为分散风险的有效机制，对减轻灾害损失、加快灾后经济恢复，以及灾害的预防等多方面都有十分重要的作用，购买农业旱灾保险是转移和规避旱灾风险的重要方式。然而国内的旱灾保险起步晚，农民对灾害风险的认识水平不高，投保意识薄弱，严重制约了灾害保险业的发展。此外，目前我国的农业旱灾保险主要是将旱灾纳入农业保险的保险责任中，但相对于其他农业保险，旱灾具有发生范围广、持续时间长、容易在短时间内同一地区造成大量损失等特点，保险公司设置的旱灾起赔点比其他灾害责任高。鉴于以上问题，需要从国家层面上构建专门的农业旱灾保险制度，建立农业旱灾保险独立运营的多级旱灾风险基金模式，推行巨灾保险及多样化的旱灾保险产品，满足各地区不同层面客户对农业旱灾保险的需求，逐步形成完善的农业旱灾保险体系。

雨养农业区是受气候变化和人类活动影响最严重的区域之一。尽管本书的研究揭示了部分农业旱灾适应的机制，并提供了相应的适应措施建议。但农业旱灾问题是需要实证研究的问题，研究案例的缺乏使得目前对农业旱灾适应的研究还远远不足。目前的研究更多的是停留在对当前适应效果的分析，缺乏对未来不同情境下适应措施作用的预评估。人类采取适应措施的作用往往具有不确定性，且需要一个较长的时间阶段才能体现其作用效果。由于适应措施作用的惯性常常使得一些潜在影响发生而产生负作用。因此在制定适应措施时，要从一个更长远的角度进行考虑，并对适应措施的影响进行反馈，及时调整当前的措施，从而更好地适应农业旱灾，实现区域的可持续发展。

6.2 讨论

在环境演变的过程中，自然环境和人文环境同时改变，只有通过不断的发展和自身的改变才能适应当前环境、应对未来灾害。农业旱灾适应性措施是通过调整承灾体（作物和农户）的结构和行为，适应孕灾环境和致灾因子的变化，并通过一定的社会机制，由社会各个层面具体实施，然后在一段时间的作用下对自然环境和人文环境产生影响，因此，雨养农业区农业旱灾的适应是时间与空间相结合的三维问题。在区域农业旱灾系统下，环境、需求和适应措施三者相互作用从而达到区域的平衡，因此未来区域构建适应模式时，应从环境的适应、发展的控制和制度的建立等方面入手考虑。不同区域的具体发展情况、自然条件现状不同，采取适应措施时应选择最适合自己区域的发展模式。

（1）因地制宜的旱灾适应模式

因地制宜的旱灾适应模式认为，环境的变化是导致旱灾风险变化的主要原因，适应措施的采取主要针对环境的变化。因地制宜的旱灾适应模式通过因地制宜地调整作物种植时间、结构实现，当干旱化现象严重时，增加抗旱作物的种植比例，通过耐旱作物与不耐旱作物交替种植，减缓地下水消耗速度。根据不同地区的地貌形态差异选取作物种类和灌溉技术，山地地区由于地下水分布不均，可通过机井灌溉等生产措施保证作物水分。而在北方平原地区，旱灾适应性措施以节水灌溉为主，如建设日光温室、膜下滴灌等。在降水充沛的年份，可大量种植粮食作物；而在降水稀少的年份，则通过发展畜牧业，以牧补农维持地区经济增长。

（2）需求控制的旱灾适应模式

发展需求是区域物质和精神追求的目标，但同时也是引起环境恶化、旱灾风险加剧的重要原因。要实现区域的可持续发展，减轻农业旱灾风险，就必须控制发展的需求，避免过度的发展需求造成环境的不可逆转破坏。需求控制的旱灾适应模式通过不断调整区域的发展需求，使人口、社会经济的发展与环境的变化相适应。当资源承灾力较高、自然环境较好时，区域的发展以经济建设为主；当生态环境开始出现问题、人地矛盾加剧时，及时降低社会经济发展速度，区域的建设以生态保护为主。区域通过采取退耕还林还草以降低孕灾环境危险性，结合退耕还林和生态移民政策，实现土地的生态恢复，开展生态建设以减轻气候的进一步干旱化。同时，通过积极控制人口增长和城镇化扩展，使社会发展与自然资源相协调，减轻水分对农业生产系统的胁迫。

（3）风险转移的旱灾适应模式

风险转移的旱灾适应模式一方面通过建立保险制度、提供各项政府补贴，让政府、企业和农户共同承担旱灾风险；另一方面通过农户开展外出务工等非农业活动增加家庭收入来源，降低农业收入比重。农业旱灾保险能有效增强农户抗风险能力和灾后恢复能力，特别是遭遇历史罕见的特大旱灾时，旱灾保险能够帮助农户及时恢复生产。同时，政府可给农民提供生态建设补贴、种粮补贴、旱灾救济款等政策性收入，并投入资金帮助农民修建灌溉设施等以减轻农户压力。目前我国旱灾理赔的具体项目和标准还没有完善和统一，缺少立法对农业保险的性质、经验模式、财政和税收优惠以及再保险安排问题的明确，未来需要相关政策的进一步推进和细化。

6.3 展望

全球气候变化已经对自然和人类系统的各个方面产生了广泛而深远的影响。农业生产系统是包括与粮食安全相关的全部生产进程和基本建设的一个复杂系统，包括生产方面要素（如采集、捕获、种植、收获）和非生产方面要素（如贮存、加工、包装、运输、市场、消费和垃圾处理）。气候变化对农业生产系统的影响是广泛、复杂和多变的，同时还受社会经济条件的深刻影响，任何驱动因子的改变都直接影响着粮食安全形势的变化。在雨养农业地区，农业生产对气候的变化十分敏感，极端天气事件出现后粮食生产受影响严重，粮食及相关产品价格暴涨，社会稳定性也受到明显影响。虽然各农业生产地区已积极展开适应措施适应气候变化带来的影响，但目前中国大多数地区还是依据传统经验展开的被动适应过程，政府及农户的自主适应和风险管理的意识不足。此外，在适应性的研究上，只强调了针对未来气候的措施调整，对实施措施的效果评估不足。此外，研究工作仍然集中在农业生产要素方面，而与气候变化相关的非生产要素研究涉及不多。在气候变化影响下，今后农业地区的适应性研究及适应工作开展还应该加强以下几个方面。

（1）气候变化各因子对农作物的影响仍需深入研究

适应气候变化的前提是清楚气候的变化对农业生产系统的影响机理。气候变化并不只是对植物生长和粮食生产产生负面作用，气温升高可以扩大农作物种植面积，增加区域的积温和活动积温，提高区域潜在生产力。此外，气温、降水、二氧化碳浓度等因子的改变对不同地区农作物生长和生产具有不同程度的影响，甚至产生相反的影响，比如有些地区水稻产量与温度呈正相关，有些地区则呈负相关。并且不同气象因子之间还存在协同影响，一些温度较高的地区，降水条件对农作物的生产影响可能更大。目前二氧化碳、气温和降水等气象因子对作物产量和品质的影响幅度和机理，及其与其他环境因素的交互作用仍然不够明确。研究并了解各气候变化因子对农作物生产的具体影响和复合影响是开展具体农业旱灾适应措施的基础。

（2）关注气候变化对粮价波动及社会稳定的影响

气候变化不仅会直接影响粮食的产量，还会通过影响农产品的数量和价格、粮食进出口贸易，引起粮价波动，从而影响地区社会和经济的发展。对于发展中国家而言，其经济对农业的依赖性更大，因此气候变化对发展中国家的影响更为深刻。中国是一个农业大国、人口大国，雨养农业区面积广，气候变化影响粮食生产总量、食物的价格和获取途径，会在很大程度上降低食物供应的稳定性，并在贫困地区引起社会动荡等一系列问题。目前，我们对非生产系统的粮食安全因素如何受气候变化影响以及如何开展适应工作的了解还较少。在今后的研究中，国内应该更加关注极端天气引发的全球粮价波动对中国的影响以及采取相应稳定机制的作用。

（3）制定应对气候变化的多层次旱灾适应策略

当前对农业旱灾的适应策略主要包括宏观层面国家、地区政府的计划性适应和微观层面农户、社区的自主适应。宏观层面的适应策略应当与地区的可持续发展战略及社会经济发展模式结合起来，加强农业现代化建设，促进农业结构的调整，从而降低农业生产系统及整个社会生产系统的脆弱性，增强区域抗旱能力和适应能力。农户在面临气候条件改变的情景下会根据实践经验自觉地调整自身的行为。这种自发的适应行为相对于政府计划性的适应，具有更高的灵活性和时效性。目前对微观层面的适应策略研究关注较少，进一步了解农户和社区的适应过程和机制，有助于更好地理解气候变化的影响和制定多层次旱灾适应策略。

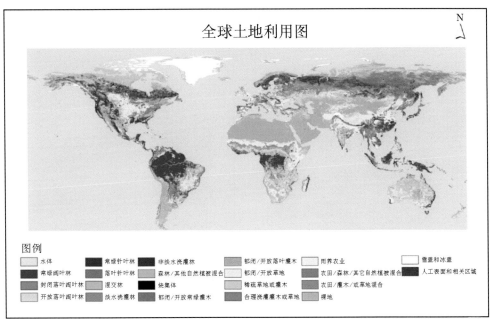

数据来源：欧盟联合研究中心

图 1.8　全球土地利用分布图

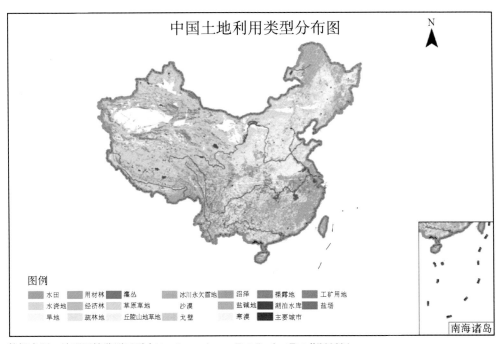

数据来源：地理国情监测云平台http://www.dsac.cn/DataProduct/Detail/200804

图 1.10　中国土地利用分布

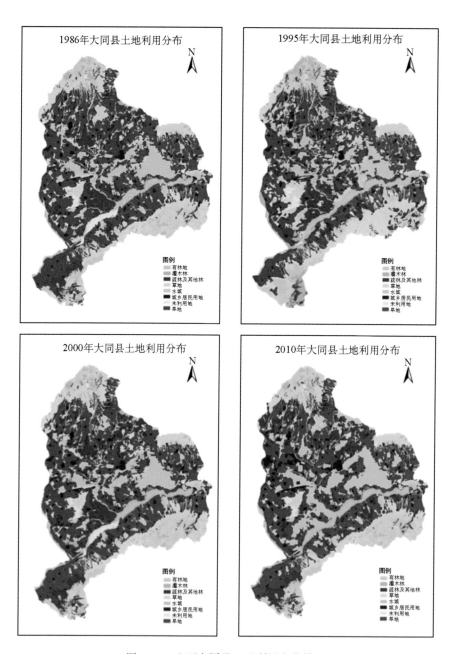

图 3.10　山西大同县土地利用变化情况